像童话一样有趣的科学书

向地球提出问题

(韩) 权秀珍 (韩) 金成花 著
(韩) 林善英 绘
孙 羽 译

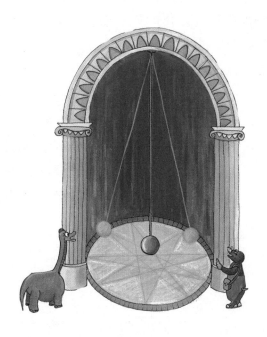

九 州 出 版 社 | 全国百佳图书出版单位
JIUZHOUPRESS

像童话一样有趣的科学书

学习科学是一件非常有趣的事情！

我们的科学书，不应该像沙子一样无味、像墙壁一样坚硬！科学有着漫长的历史，即使是再简单的科学原理，也有很多人为了寻求答案而不停地思考、实验，经历着失败的沮丧和成功的喜悦。在这其中，还发生了很多有趣的故事。

我们在学习科学知识的时候，如果忽略了这些有趣的故事，只是简单地学习科学结果，记忆生硬的公式和理论，就没有任何学习的乐趣可言，更不能算真正地掌握了科学知识。

因此，在这个系列的图书中，我们希望通过更多的故事，为大家介绍科学知识。有些知识在课堂上也许只提到一两句，但是在现在的这套书中，会将前前后后的故事，通通讲给大家听，让大家学到更多对未来有帮助的知识。

　　自然中隐藏着无数的秘密，科学就是揭开这些秘密的学问！为了能够写好这本书，我们投入了巨大的时间和精力。用童话一样的语言和绘图等表现形式，让大家更轻松有趣地学习这些科学知识。

　　大家在看完这本书之后，会学到从我们无法想象的遥远的远古时代开始，地球上就有了山和海、小溪和森林、沙漠和草原，以及浩瀚的宇宙等知识，知道地球经历了哪些意外，哪些灾难；形成了哪些自然规律，得到了大自然的哪些祝福……

　　人们最喜欢那些爱笑，有无穷的好奇心，即使是一块小石头，也会用心去观察的孩子！相信你一定是这样的一个孩子！希望你能够尽情享受有关科学的乐趣！

权秀珍　金成花

目录

1. 像地质学家一样，向地球提出问题

2. 沉积岩中隐藏的故事

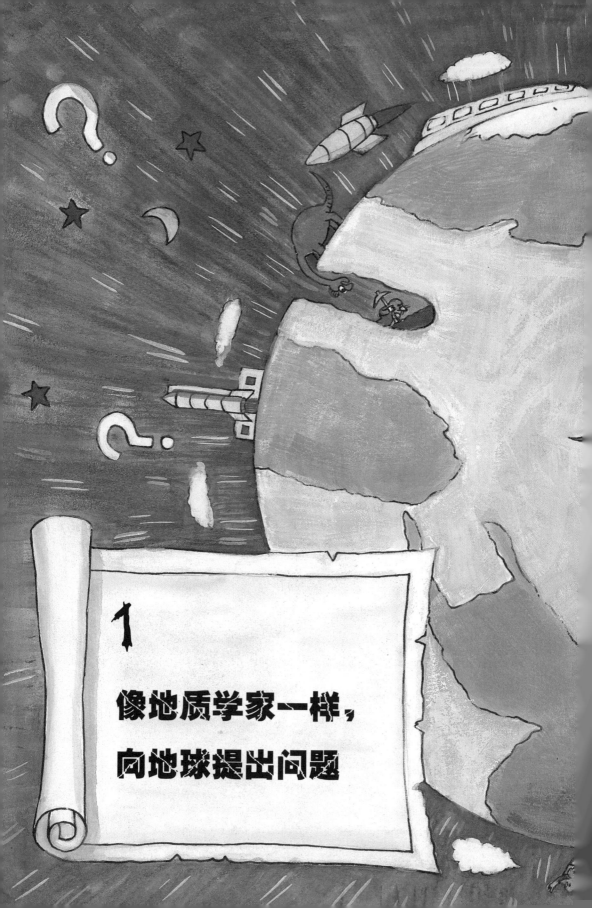

1

像地质学家一样，
向地球提出问题

我们都出生在这个地球上。我们的地球并不是宇宙中不知名的一颗星星，而是位于银河系里的太阳系中的一颗行星。

在巨大的银河星系里，还存在着很多小星系，太阳系就是其中的一个。太阳系的中心自然就是圆圆的太阳，地球等其他的行星都围绕太阳转，但也有一颗围绕地球旋转的卫星,那就是月亮。在地球上，有大海和高山，有石头和大地……如果从宇宙中观察地球的话，我们能发现，地球是一颗蔚蓝色的星球。

根据我们人类现在了解到的，在太阳系众多行星中，只有地球上存在着生命。从最初的简单的生命开始，经过漫长又复杂的演变，我们人类终于诞生在世界上了！

既然生活在这个星球上，我们理所当然应该对它有所了解。有的人虽然很爱学习，但是一生都没有对我们生活的地球产生过兴趣就离开了世界。对他本人而言，这也许没什么影响，但是，如果所有的人都不去学习、研究有关地球的知识，这对人类的发展绝对不是一件好事！

从我们无法想象的遥远的远古代开始，地球上就有山和海，有

小溪和森林，也有沙漠、草原和各种各样的古生物。如果一个人对这些一点儿都不了解，那么可以说他的生命存在着极大的遗憾。

如果我们能了解到，在我们出生之前，地球经历了哪些意外、哪些灾难；形成了哪些自然规律；得到了大自然的哪些祝福……我们一定会比现在更加尊敬大自然，也会更加珍惜地球上存在的一切。

人类总是对伟大的文学作品、伟大的美术作品和优美的音乐作品大加称赞，并且喜欢让自己的孩子学习这些方面的知识，逐渐把它们传承下去。因为他们相信，伟大的艺术作品中有一些非常珍贵的东西，值得人们长久地珍藏。但是，和这些伟大的艺术品相比，和世界上价格最昂贵的画作相比，大自然是更加珍贵，更加值得尊敬的存在。如果没有大自然，也就没有美术和音乐。但是，由于我们每天生活在大自然之中，所以经常忽略自然的伟大，忽略对自然应有的尊敬。

在我学习有关地球知识之前，我从不知道，地球是如此神奇的一颗行星。地球是如何产生的呢？海水、山和小岛又是如何产生的？石头到底经过了多远的旅行才变成沙砾、泥土？大地的模样经过了哪些变化？为什么地球上有些地方会有春夏秋冬的变化，而有些地方却没有？为什么天气会不断变化，一会儿刮台风，一会儿发洪水？河水又是从哪里来？……在没学过地球知识以前，这些问题我一次也没有仔细思考过。虽然在学校的科学课上我学过这些内容，也通过了考试，但是我却没有因此了解到任何有用的东西。

我在上学的时候，觉得科学课是最没有意思的一门课。因为这门课的内容都是那些生僻晦涩的专业用语，我不得不死记硬背才能应付考试，就连地球科学为什么算一门科学，我都不是很了解。每次上课，老师净让我们背一些奇怪的名词，比如砾岩、砂岩、片麻岩，等等(可是这些石头，我一次也没有亲手摸到过)。到底是花岗岩更坚硬，还是石灰岩更坚硬？我只能按照它们的硬度顺序，死记硬背下来，才能通过考试。随着学年升高，我学到的专业用语越来越多，而且越来越复杂。什么寒武纪、白垩（è）纪、泥盆纪；造山运动和造陆运动；侵蚀和沉积；褶皱和断层；地震板块和辐射热能；层云和积云(大家以后在科学课上，也一定会碰到更多复杂难懂的专业用语的)……

我们生活的地球上，隐藏着无数的秘密！但是，在科学课上，谁也没有向我说明这些神奇的秘密！知识变成只是记载在书本上的东西，我每天只是死记硬背，并且要做大量的习题。但是，如果真的用这种方法学习有关地球的知识，我想我们永远也无法了解有关地球的真正的知识。

用科学解开地球的秘密

　　如果想了解有关地球的真正知识，我们应该像努力探索地球秘密的科学家那样，积极地去思考。学会提出各种问题，并且为了找出这些问题的答案，自己还要不断地去研究。如果我们对什么事情都不好奇的话，就无法学习到真正的知识。只有那些充满好奇心的人，才能学到真正的知识。所以，我希望通过这本书，教给大家应该怎样了解与地球相关的知识。我还会告诉大家，科学家为了研究地球的知识，在漫长的岁月里，付出了多少心血。连那些科学家现在都还没有研究出结果的问题，我也想介绍给大家！

　　地球科学发展的速度，比研究自然法则的物理学，以及研究物质秘密的化学，发展得都要晚。大约在100年前，人们对地球几乎还是一无所知。地球长什么样子呢？海洋和山脉是如何产生的呢？为什么会有地震和火山爆发？地球到底存在了多长时间？这些问题在当时都没有人能够解释。

　　即使以上的谜题都解开了，对科学家而言，还是有很多关于地球的秘密有待解决。例如，人们现在无法准确地预测一个月以后的天气到底是什么样子的。因此，地球科学仍然是一门十分神秘的学科。如果大家想知道地球科学是一门多么神秘的学科，就需要去问

地球物理学家或者气象学家。但是，即使是科学家，对我们头顶的宇宙，和我们脚下的大地所发生的所有事情，也不是全部都了如指掌的。虽然科学家们可以预测彗星将在哪年哪月哪日出现在宇宙的哪个位置，但是，如果太平洋海底要发生地震，印度洋要发生由地震引起的海啸，在这之前，他们却无法及时地预测出来。

有的人还说，地球科学现在已经过时了。因为地球上不会再有新的地层出现，也不会有新的矿物和化石种类被发现。因为在地里发现"宝藏"的年代已经过去了。在过去，地质学曾经经历过这样的黄金时代。当时，只要在地里挖掘，总会发现一些价值连城的"宝藏"。于是，人们找到了煤和石油，还有贵重的黄金、钻石等。因此，在那个时候，地质学十分受人们的欢迎，因为地质学家会帮助人们寻找地下掩藏的矿产和各种资源。

可是，现在再也没有人会为了寻宝而踏上冒险的旅程，因为地下的"宝藏"已经被开采得差不多了，地质学现在已经没有吸引大家的魅力了！真的是这样吗？我想，有这种想法的人，本身才是没有魅力的人！我们脚踩的土地之下，除了煤炭、石油、黄金和钻石以外，还有更加神奇的秘密。

现在的孩子们，还在不停地捡小石头，还在念着已经灭绝的动物，还在寻找路边闪光的东西，还在海边捡贝壳……就算100年之后，200年之后……所有的孩子仍旧会重复这样的事情，因为孩子们永远都知道，大自然本身，是比金钱和时髦更加伟大的存在！

1亿年前，这里生活着恐龙

在一个清晨，我带着地质图、标本采集袋、攀岩绳、镐头、指南针等装备出了家门。我的装备，看起来像是和要去探索新地层的地质学家的一样！不过，遗憾的是，我并不是一名地质学家！

在这个世界上有很多的地质学家，但是能够态度亲切地教给我们地球知识的却不多。以前也许有过这样的地质学家，但是他们都已经去世了！现在的地质学家，只喜欢自己独自研究那些复杂的知识，好像不怎么喜欢把这些知识，以亲切的态度教给我们了！

我虽然没能像地质学家那样，学习很多地球知识，但是我却能够理解地质学家。有一年，我到韩国庆尚南道的高成海边旅行，我在那里居然看到了恐龙足迹！在我们生活的土地上，居然曾经生活着恐龙！知道了这个事实的时候，我感到莫大的震惊和感慨！在那里，海边的岩石宽大平滑，不断地

被海浪拍打着。在这些岩石上，居然真的有恐龙的足迹！

那么，为什么恐龙的足迹会出现在海边呢？难道是1亿年或2亿年前，恐龙们真的经过了庆尚南道的高成地区吗？可是，就算是恐龙们来过这里，在这么坚硬的石头上，为什么会留下脚印呢？在众多的脚印中，不仅有巨大的翼龙的脚印，而且有的脚印还是竖着插进地里的。为什么恐龙的脚印会以这种姿势印在地上呢？难道是在恐龙攀爬绝壁，不小心摔下来的时候弄的吗？

我的好奇心变得越来越强烈。我仔细环视四周，发现周围的石头长得非常奇特。

在石头上，各种样子的花纹层层堆积，看起来好像是一张巨大的千层饼一样。石头非常平坦，而且面积非常宽大。

原来这就是我曾经在书本上学到过的沉积岩！

我第一次见到如此平坦光滑的沉积岩。我用手小心翼翼地抚摸着沉积岩，还躺在上面感受了一下。我的心不停地在怦怦乱跳，好像真的看到了1亿年前，恐龙在这里生活的场景，好像听到了恐龙在路上走动的时候，发出的哐哐哐的声音。

不过，令我更加感叹的是，1亿年前恐龙在这里留下的脚印却在1亿年后出现在我的眼前。在这漫长的1亿年时间里，竟然没有任何力量，能够让这些恐龙的足迹消失在大自然里；也没有哪个人偷走

恐龙的脚印。（我去的那片海滩，既没有监视器，也没有告示板。还好那些喜欢挖坟掘墓的盗墓贼，没有打恐龙脚印的主意；还好那些有钱人，没有买下这片地来盖别墅；还好那些喝醉了酒的人，没有在发酒疯的时候，将恐龙的脚印破坏掉。）

在恐龙将脚印印在这块大石头的之前和之后，这块石头上一定还发生了无数事情。不知道这块石头经过了多么漫长的变化，才形成了今天的模样。也许这块石头，以前曾经待在南极；也许它是从海底逐渐隆起，才变成今天海滩上的岩石；也许它曾经经历了无数风雨，还曾经再次沉到海底……它沉入海底，又露出地面，之后被粉碎，又和其他石头结合在一起……经过了无数次这样反复的过程，在1亿年前的某一天，偶然间被恐龙踩到，留下了这些脚印。在那之后1亿年的漫长岁月里，这块石头渐渐变成了化石。

当我躺在留下恐龙脚印的巨石上的时候，我产生了这样的想法。一定要将充满神秘色彩的地球故事，介绍给每一位拥有好奇心的同学！

之

沉积岩中隐藏的故事

　　大家是否亲眼看到过沉积岩呢？也许一次都没有见过，也许曾经看到过，但是却不知道那就是沉积岩，所以当时并没有留心观察。

　　我非常喜欢沉积岩，一提到沉积岩，我头脑中总会浮现出老旧的书柜。看到沉积岩的时候，我就会像在老书柜里寻找宝贝一样，十分兴奋。在沉积岩里，隐藏着许多我们未知的故事。

　　沉积岩不仅是坚硬、巨大的石头，在其中还隐藏着许多故事，它希望我们能够发现它的秘密，希望我们能够细心聆听它讲述。沉积岩俨然像是慈祥的老爷爷和老奶奶，在向自己的孙子和孙女讲述古老的故事。

　　什么？你不相信岩石中隐藏着故事吗？当然，这句话最早不是我说的！出生在丹麦的尼古拉斯·斯坦诺早就提出了这样的主张。斯坦诺 1638 年出生在一个金属工匠之家，长大后成了一位非常伟大的解剖学家，之后，他又成了世界上最早的地质学家。由于他对地层学的卓越贡献，被誉为地层学之父。

　　但是，在斯坦诺生活的年代，人们还不知道有地质学这门科学，所以没有任何会人对石头、大山、土地产生兴趣，进行研究。

在当时人们相信，世界上所有的一切都是上帝创造出来的，都是从一开始就没有改变过的。社会大众对宗教以及神的崇拜远远高于对科学研究的重视，即使是一些学者，也深信大地是上帝创造的。只不过有的学者认为，上帝在创世的时候，没有造出山峰和峡谷，大地一片平坦，山峰是后来才自己隆起的。而另一些学者则认为，上帝在创世的时候，就同时创造了平坦的大地和连绵的山脉。

但是，自然界有一个现象是当时的人们始终无法解释的。人们在山上居然发现了一些样子和海中的生物十分相似的石头。有的石头的形状像贝壳一样；有的石头的形状像鲨鱼的牙齿；有的石头的形状像鱼骨一样……但是在当时，人们并不知道这些石头到底是什么东西。于是，在很长一段时间里人们都认为，在很久很久以前，地球上曾经有一场非常大的洪水，水淹没了高山，当水中的动物死后，尸体自然而然就留在了山上。

可是，为什么海洋中的动物，会在发洪水的时候大量死亡了呢？生活在地面上的体积巨大的动物，还有小虫子，为什么没有成为石头呢？大洪水理论始终没能解释这些疑问。

我想，大家都应该知道，这些奇怪的石头就是化石。但是，在斯坦诺生活的年代，还没有任何一个人了解有关化石的真相。那些不相信大洪水理论的人们，干脆认为这些石头和现实生活中的生物的尸体之间，没有任何联系，单纯地认为这些石头只是"形状奇特"的石头而已，就像植物一样，是自己从土地中生长出来的。

又有一部分人认为这些石头是从天上掉下来的星星，因为得到某种神奇的力量，因此在土地中长成了非常奇特的形状。比起地面而言，山顶离天空更近一些，因此在山顶上发现的这种奇怪的石头，要比在地面上发现的更多。

那么，如果换成是同学们，将会如何解释这些神奇的石头呢？这些样子奇怪的石头，到底是如何产生的呢？为什么山上会发现样子和贝壳一样的石头呢?

地质学正是从这个简单的问题开始发展起来的!如果同学们能够解答这个问题,那么大家所掌握的知识,就要比100多年前的地质学家更丰富了。

斯坦诺原本是一位解剖学家,因此,他对生物的内部结构了解得非常透彻。斯坦诺通过观察这些石头,坚信这些纹路和形状不可能是自然界中偶然产生的。他相信,这些贝壳形状的石头一定是在很久以前,由真正的贝壳慢慢演变而成的。可是,贝壳是如何变成石头的呢?如果想要证明这些石头曾经是真正的动物,就要解释清楚贝壳变成石头的过程。

斯坦诺仔细观察发现化石的地方周边的地形和环境,斯坦诺发现埋葬贝壳的地方,周围并不是坚硬的石头,而是松软的泥土。那么,泥土是如何变成化石的呢?

斯坦诺进行一系列研究,并成为第一个解释这些内容的人。因此,斯坦诺成了出现在地质学课本上的第一个地质学家。斯坦诺不相信那些哲学家们的理论,他坚信如果不直接观察自然界,单凭坐在屋子里研究出得出的理论,绝对不是真理。于是,他亲自来到山间、峡谷、小溪、江河、海洋,通过自己的双眼,直接对大自然进行观察。结果,他发现贝壳真的是生活在土地或沙子之中。那么,在很久很久以后,这些贝壳为什么会在石头中被人们发现呢?

斯坦诺开始动手进行实验。他在一个巨大的玻璃碗中，放进沙子、泥土和水，然后放入各种各样的粉末，让他们相互混合在一起。经过一段时间以后，颗粒状的东西就慢慢沉到了水底。例如原本质量很轻的泥土，在水中经过很长时间以后，也慢慢地沉到了水底。之后，斯坦诺使玻璃碗中的水全部蒸发掉。

于是，斯坦诺推断，在海水中发生的事情也和这个玻璃碗中发生的事情一样。海水中的各种物质慢慢地在海底沉积，然后变成了像石头一样的东西。斯坦诺相信，这样的变化在大自然中一定真实地发生过。

如果我们来到江边或者海边就会发现，在这些地方，每天都有无数的沙子或泥土被波浪带到江底或海底。于是，沙子和泥土混在水中，它们之中的各种矿物质，每天都会不断地沉积在河底或海底。

我们在观察沉积岩的时候会发现，在一层平平的岩石上，还会有另一层岩石。这就是泥土经过漫长的岁月，沉积了一层又一层的结果。最后，这些沙子和泥土就变成了坚硬的岩石。现在世界各地的江河湖海当中，每一天都在重复着这样不断沉积的过程。

沙子、碎石、泥土以及一些火山喷发物沉积在水底，经过了很长的时间，通过成岩作用逐渐变成石头，这就是我们所说的沉积岩。从字面上来看，沉积岩就是指不断沉积形成的岩石。大部分沉积岩都是在水底完成沉积的过程。由于沙子和泥土是从上到下沉积，所以，沉积岩越下层的部分年头就越悠久。这个理论就是著名的斯坦诺定律。

对生活在现在的人来说，斯坦诺定律当然是正确的理论。但是，在斯坦诺发现这个原理之前，从来没有任何一个人提出过同样的想法。正是因为像斯坦诺这样的人，对看似平常的事情不断提出疑问，并且通过不断地思考来进行验证，寻找答案，大自然的秘密才会逐渐被揭开，后来的人们，才能在学校中学习到这些理论。

 ## 生物的遗体或遗迹如何形成化石？

为什么大部分化石，都是在沉积岩中被发现的呢？

让我们先来了解一下化石形成的过程！因为大家都很喜欢恐龙，所以我想大家对恐龙化石也许已经有了一定的了解。但是，能够完全了解化石产生过程的同学，应该还是不多的。

我曾经问过一个孩子是否知道恐龙化石是如何形成的？他回答我说，因为恐龙的骨骼和粪便都十分坚硬，所以才形成了坚硬的化石。

在恐龙的化石中，我们看不到恐龙的骨骼和粪便。原来，埋着恐龙以及其他生物的骨骼、粪便和它们生活遗迹的地方，逐渐被其他的矿物质渗入并代替，长此以往便形成了坚硬的石头，这就是我们所说的化石！

动物和植物死去以后，大部分都会立即腐烂掉。泥土中的昆虫和真菌，会将这些死去的动物和植物完全分解掉。只有在特别的地方，经历了特别事件的动物和植物的遗体或痕迹，才能够成为化石，保存至今。

如果死去的动物和植物想变成化石，首先的条件是它们必须被吃进其他动物的体内，或者在死后立刻就被埋进泥土里。之后它们的遗体或遗迹上方，立刻沉积了新的沉积物，并且受到了这些沉积物的重压。即使这些遗体或遗迹被新的沉积物压在下面，它们身体比较柔软的地方也会逐渐地消失。

　　其次是掩埋这些动植物遗体或遗迹的地方，会迅速被附近的水淹没。只有这样，在陆地上生活的生物死后，它的遗体或遗迹才能变成化石。正是由于这个原因，生活在陆地上的生物很难变成化石。因为不是所有掩埋它们遗体或遗迹的地方都能迅速被水淹没。

　　每一天都会有很多新的物质不断地沉积到江河湖海的底部，逐渐形成了一层又一层的沉积物。经过长久的沉积，新的沉积物不断聚集，沉积岩逐渐变得坚硬，就连空气和水也无法将其破坏，一直被保存到今天。

　　另外，即使在沉积岩中，也存在着各种细菌。因此，动物的肌肉会被完全分解干净，而骨骼、甲壳、茎和叶等存在的时间会较长。但是经过漫长时间的演变之后，即使再坚硬的骨骼、甲壳、茎和叶也会被完全分解掉。分解后出现的空间，会被沉积物中的各种矿物质分子逐渐填补，并聚集在一起。在陆地的沉积物中，有镁、钙、钠、钾等各种矿物质，它们还能够溶在水中。

　　现在我们发现的化石，主要是曾经生活在海洋里的生物，被埋在海底后形成的化石。虽然有的时候，人们会在山上发现一些海洋生物的化石，不过，这些山在很久以前都曾经是海洋。化石开始的时候被埋在海底，之后由于地震或其他原因，海底逐渐升高成为陆地，化石便一起上升起来了。因此，在曾经是海底或湖底而今天是

化石是如何形成的？

1 恐龙死了之后，被埋在森林下面的泥土中。它身体中柔软的部分首先开始腐烂。

2 森林被附近的水淹没。

3 恐龙尸体上方，不断有沉积物沉积。

4 恐龙的骨骼也开始慢慢腐烂，沉积物中的各种矿物质逐渐填补了骨骼间的空隙。

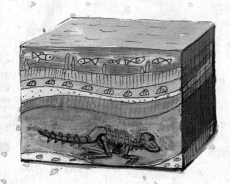

5 沉积物经过漫长的积累，各种矿物质完全填补了恐龙骨骼的位置，并且变得非常坚硬。

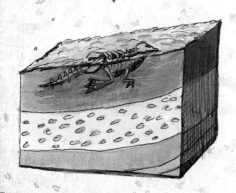

6 埋着恐龙骨骼的沉积层升到了地面上，水没了，恐龙的化石就被人们发现了。

山或陆地的地方，我们通常会发现很多化石。

现在，大家对沉积岩应该有一些了解了吧！那么，为什么我们在沉积岩中发现的化石数量会更多呢？沉积岩中的化石是生物的身体被埋进土中以后，有新的沉积物覆盖在它们之上，经过很长的时间之后，变成了沉积岩。这些沉积岩最初都是在水底的，等到水干了，或是原本是大海的地方，后来逐渐隆起变成了高山，沉积岩出现在地面上之后，才会被人们发现。

科学家们找到沉积岩，剥开一层一层的岩石，就很容易发现化石的痕迹。沉积岩的表面，由于长时间暴露在外，被雨水、风等侵蚀，所以埋藏着化石的岩层就会露出来。在韩国的庆尚南道高城海岸发现的恐龙脚印化石，就是这样自己露出来的。

地质学家们通过观察沉积岩，将这些岩石的种类进行了更加细致的划分。由圆状、次圆状砾（lì）石经胶合形成的沉积岩，叫做砾岩；如果有半数的砾石不是圆状或者次圆状，而是具有棱角的，这种沉积岩叫做角砾岩；由矿物含量主要是石英和长石等的砂粒，含量占50%以上，以及其他杂基或胶合物组成的沉积岩，叫做砂岩。此外还有页岩、泥岩、粉砂岩、集块岩、石灰岩、片麻岩、板岩、浮石，等等。

地质学家们在研究沉积岩的时候，俨然像侦探探案一般，他们能从岩石中找出各种线索。例如，如果沉积岩中有角砾岩，则证明这些石头是从高山或山谷中，随着激流的流动迅速沉积起来的。即使发现这类沉积岩的地点是一片沙漠，地质学家们也可以以此判断，这块地方周围曾经是高山或者山谷。

另外，科学家们从沉积岩中发现了某种生物化石，然后找出和它们近似的生活在现在的生物，通过分析这些生物的生活环境，也可以知道这块化石所在的地方，以前到底是陆地还是海洋，是小溪还是湖泊。推断出当时的天气是冷还是热，是干燥还是湿润。如果这里曾是一片海洋，地质学家们还能推断出这里的海水是深是浅，海水是清澈还是浑浊。

弯弯曲曲的水流形成了大地的模样

陆地上有高山、山谷、平原、山丘、湖泊和河流。大家认为，这些地貌都是如何形成的呢？从大家出生以前，高山、山谷、平原、山丘、湖泊和河流就一直存在着。大山从我们出生之前就一直屹立在那里，直到我们去世，它还是岿（kuī）然不动。

在我家的附近，有一座叫作北汉山的山。早在100年、1000年前，北汉山就矗立在这里。相信100年、1000年以后，也不会发生改变。在我们眼里，似乎不管经过多长的时间，山的样子都不会改变。

正因为这个原因，在过去人们认为，地球从诞生的那一刻开始，所有山川河流的样子就和我们现在眼前看到的一样，没有任何变化。

直到200多年前，人们还是这样深信不疑。但是，地质学家们却发现，地球原来的样子和现在并不是一成不变的！无论是多高的山，总有一天会变成平原；而平原也会隆起，形成山峰。

你们是不是不相信我说的话呢？几千米高的山峰，怎么会变成平原呢？平原又怎么可能变成高山呢？不仅如此，海洋还会变成陆地，陆地还会变成海洋，曾经是湖泊的地方，也会变成沙漠。虽然这些都是真理，但是，说起来总是让人觉得难以置信。不过，除了火山、地震等非常明显的变化以外，其实我们生活的地球每一天都发生着变化。

让我们来看看大山吧！虽然我们用肉眼看不见，但是实际上，我们周围的山峰，每天都在不断地变矮。你知道为什么会发生这样的事情吗？

这是由于水流每天都在改变着地貌！不管是汉拿山还是白头山，只要有水的作用，总有一天它们都会变成平原！如果我们坐在飞机上的时候向下俯瞰，不管是山峰还是峡谷，不管是绝壁还是平原，不管是海水还是海岸……所有的一切都一目了然。造就这些高低不等、错落有致的地貌的，正是水！

　　雨水、江水、河水和瀑布……各种各样的水流，在地球的各个角落不停地流动着。冰块的形成，冰冻、霜降、下雪的原因，也都是水的作用。流水从山间向下冲刷，逐渐形成了山谷；流水冲刷掉石头的棱角，在山间形成洞窟；沙砾、卵石、沙子和泥土不断沉积，等水干后便形成了平原（因此我们在平原中，依然会看到弯弯曲曲的小溪和江河）。河水不断冲刷着大地，改变着大地的相貌，而

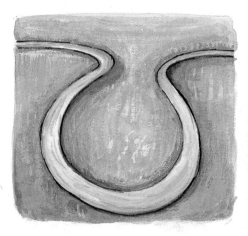

河流的长度也会逐渐发生着变化。我们把水在不知不觉的情况下，改变大山、石头和大地的过程，叫做侵蚀。

　　在下雪的时候，山的高度也会逐渐变低。那么，刷刷地落在地面的小雪花，如何能够侵蚀掉坚硬的石头呢？

　　其实，不管看起来多么坚硬的石头都是存在缝隙的，水会渗到这些缝隙当中，雪花在太阳的照射下化成了水，水就渗到了石头的缝隙中。当气温下降的时候，石头中的水就会冻成冰。当这些渗到

石头缝中的水变成冰之后，体积是要增大一些的（这些知识大家可以在物理当中学习到），因此就会使石头之间的空隙越来越大，石头就是这样被侵蚀掉的。

雨水还会将碎成小块的石头和泥土带到江河中去。河水会将沙子和泥土不断搬运到地势更低的地方，有的最终流入大海。大地上被雨水冲刷过的石头，棱角会逐渐被磨圆，体积会逐渐变小，逐渐变成小小的小石子。可以说，地球上所有的大山，每一天都在经历着水的冲刷。

地球上虽然每时每刻都在发生着侵蚀，但是，即使经过100年甚至200年的侵蚀，我们也是无法用肉眼直接观察到的。不过，如果经过100万年、1000万年的侵蚀，地球上就会发生非常巨大的改变！不管是多高的山，最终都会变成平地；从山上被水冲刷过的石子和碎石，都会不断地被带到地势更低的地方。它们在运动的过程中，会变得越来越小，逐渐形成沙子和泥土。从山上下来的所有小石子，都会随着流水、波浪和潮汐，逐渐沉到江河湖海的底部，再经过长久地堆积，变得越来越厚，向下的压力也会越来越大，最终成为坚硬的沉积岩。

如果大山每天被雨水这样冲刷，山上的石头不断粉碎，水流带着这些越来越小的碎石以及泥土等顺流而下，最终都沉入江河湖海，那么会不会有一天，地球上的所有山脉和江河湖海都消失了，整个地球都变成一个平平的大石块呢？

当然不会这样！因为，在地球的内部，时时刻刻都在发生着剧烈的运动，所以沉在海底的沉积岩总有一天会成为陆地，然后高耸出地面，成为新的大山。这样耸起的大山，仍旧会不断地被雨水冲刷，重复着前面的过程。

大山不断地被水侵蚀，形成沉积岩，沉积岩又会变成大山——这样的过程将永不停息地重复下去！

3

一起观察地层

　　沙子和泥土一层层地沉积在一起，逐渐形成了坚硬的石头。在石头上面，又有新的沙子和泥土一层层地沉积在一起……这样不断重复，地球上便形成了沉积岩，在沉积岩中，我们可以发现不同的地层。我们把这样在沉积岩上又有新的沉积岩，经过了成千上万年的时间形成的，像千层饼一样带有层层纹路的东西，叫做地层！

　　地层就像是一本写着地球历史的图书。但是，组成这本书的不是字，而是坚硬的、一层一层的岩石。这些岩石被巨大的压力和重量挤压，因此我们很难将它们完全展开进行观察。不过，为了能够了解地球的秘密，地质学家们需要不断地对地层进行调查。地质学家们用小锤子、毛笔和显微镜等工具，从地层中揭开地球的秘密。

　　在地层中，我们可以发现有哪些地方的陆地曾经是海洋，因此我们能知道海洋是如何变成陆地的。在地层里，我们还能找到很早很早以前发生关于的大地、风、雨水、海洋的故事，以及古代生物遗留下来的故事。大家都喜欢的已经灭绝的古代生物的痕迹，我们同样也可以在地层中发现！

如果想要学习有关地层的知识，我们一定要亲自来到大自然中，直接观察地层。如果我生活在城市里，住在高高的公寓楼里，是很难有机会看到地层的。但是，如果我们生活在乡村或海边，就有机会看到它们了！在这里，只要走出家门，我们就可以观察到山上掉下的石头，还可以看到海边的悬崖峭壁——从这些地方，我们都可以观察到地层的面貌。

如果你在土地和石头中，发现它们具有不同的花纹和颜色，并且有一层层带状的结构，那么你看到的就是地层了！我们从大地或石头的上方向下看的时候，是看不到地层的；但是，如果从侧面进行观察，就可以看到石头中像千层饼一样层层累积的地层了。

其实，我们每天踩在脚底的大地就是地层，但是，由于我们踩在它的上方，所以很难直接观察到地层的形态。不过，在大自然中，如果石头从地底隆起，或者大山、小丘上的岩石脱落，就会露出地层侧面的模样。我们在这些地方，就可以清楚地看到地层的样子。

有很多地方，由于可以看见非常漂亮的地层，因此成了有名的观光胜地。美国的科罗拉多河大峡谷就是世界上最雄伟、最壮观的地层风景区之一。科罗拉多河大峡谷两侧的山和其他地方的山完全不同，它没有任何植被覆盖，而且两侧的峭壁自上至下，一层一层的结构非常清晰，它经历了漫长岁月的演变，展示出十分奇异的景观，是地质学家们最喜欢的地方之一。

在韩国也有很多美丽的地层。在全罗南道的海南、全罗北道的釜安等地，都可以看到非常漂亮的地层景观。要是有机会跟随学校到这些地方春游或者参加实践课，应该是不错的选择！让我们动身去寻找距离学校最近的地层吧！和爸爸妈妈一起去旅行的时候，也不要忘了寻找地层啊！

当我们观察地层的时候，也许会产生一些非常奇特的想法。地层究竟是为什么会成为这样的形状呢？其实，从很早以前，人来就开始了对地层的观察。但是，人们往往只顾感叹地层的雄伟，却没有仔细思考，地层究竟是如何产生的！在研究地层的学问——地质学产生之前，人们对地层可谓是一无所知。

16世纪，有一位名叫笛卡儿的著名哲学家，他认为地层是从地球产生开始便存在的纹路。他认为地层就像杯子里的油和水混在一起互不融合一样，是各种各样的石头不会互相混合在一起，而形成的一层层的样子。还有的科学家认为，很早以前，地球是由高温的液体组成的。当液体冷却下来的时候，是从外到里一层层冷却下来的，所以便形成了一层层不同的花纹。

在你第一次看到地层的时候，你是怎么认为的呢？你会不会觉得地层是地球内部美丽的花纹呢？

 ## 热爱地层的测量师的故事

在斯坦诺之后，大约过了100多年，在英国一个名叫牛津的小村庄里，生活着一个叫史密斯的孩子。史密斯的父亲是一个工匠，在史密斯8岁的时候就去世了。史密斯的母亲再婚后，将史密斯留在了舅舅的牧场。于是，史密斯的童年都是在牧场里和牛羊一起度过的。

史密斯的舅舅是一位奶酪商，他每天做好奶酪后，就拿到市场上去卖。在舅舅的牧场里，用来称奶酪重量的测量工具非常特别而且还很漂亮。

一般的农场都用铁块来测量奶酪的重量，而史密斯舅舅的农场则用一些漂亮的石块，放在天平上来测量奶酪的重量。这些石块都是捡来的，是从山顶滚落下来的石块，它们都是圆圆的形状，而且带着错落有致的花纹，非常好看。它们的大小基本上都差不多，所以特别适合当天平的砝码。

农夫们为这些石块起了一个名字，叫做"磅石"。在大人们眼里，都觉得这些石头只不过是带着花纹的漂亮石块而已。但是，史密斯却认为这些石头中一定有一些非常神奇的故事！他经常用手抚摸这些石块，并且和教科书里的海胆的图片进行比较，还去问老师有关这些石头的问题。可是在当时，老师们对这些石头也是一窍不通。为什么石头里会出现像海胆一样的纹路呢？

在史密斯生活的村子里，除了这些石头以外，还可以在采石场和田野里发现很多形状各异的石头。史密斯有一次在田野里发现了一种叫做"灯贝"的白色小石头。史密斯觉得十分神奇，就捡起这些小石头拿去和朋友们一起玩儿。在史密斯长大后，他才知道小的时候他喜欢的这些小石头，其实就是化石。

史密斯的学习成绩非常好，但是因为家里很穷，所以没有钱去上大学，于是，史密斯就自己在家里学习。他一个人在家中画图，收集各种岩石，对岩石进行观察，不断地思考为什么在自己生活的村子附近总能发现这样的小石头，而在别的地方却没有这样的石头。

只要是有关大地的事情，史密斯都非常喜欢。村子里要铺路修桥，工人们会挖开地面，每当这时，史密斯也都会仔细地进行观察。工人们用机器挖开地面然后架上桥桩的过程，在史密斯眼里，不管怎么看也看不腻。

史密斯长大后成了一名优秀的测量师。史密斯穿梭在各个村庄里测量耕地，还经常在开采煤矿、开凿运河的地方工作。史密斯非常喜欢测量师的工作，不过，在不知不觉中，史密斯慢慢地成了一名地质学家。当然，在当时，还没有任何人知道地质学这门学问，史密斯也不知道自己所做的工作，在日后会被人称为是地质学家做的工作。

在史密斯生活的年代里，英国的煤矿业十分发达。人们为了能够寻找出这些可以燃烧的黑色石头，不断地开采土地。工人们从地底深处挖出煤炭，然后用最快的速度运到各个城市。而拥有煤矿的人，都变成了富翁。在这种环境下，英国最早的船运公司便产生了。因为用船运输煤炭，要比用马车运送煤炭的速度快得多。

1792年，史密斯开始在英国的萨默塞特煤矿里担任测量师。有一天，史密斯跟随矿工们一起进入位于地下的煤矿。在这里，史密斯第一次看到了地下的景观，他被地下的景观深深地吸引住了。在矿洞的墙壁上，有各种各样颜色和花纹的石头，一层层地堆积。矿工们也非常喜欢这些石头，他们给每层石头都起了不同的名字。

这些名字都非常有趣，有的叫"大绳子"、有的叫"小绳子"、有的叫"粪堆儿"、有的叫"锅盖"……所以，矿工们在开采石头的时候，经常开玩笑说："揭开锅盖看一看啊！"、"可别碰到粪堆儿啊！"

史密斯一边向矿工们请教有关石头的知识，一边阅读各种相关的书籍，从书中，他学到了地层这个特殊的名词。史密斯希望自己能够进一步了解有关地层的知识，于是，他跟随工人进入了更深的矿井。他一边向下走，一边用心观察矿井内壁上不同地层的形态，然后将观察的结果记在日记本上。他发现，矿井里的石壁并不是一成不变的，而是按照一定的顺序，一层层地反复地排列在一起。最上层岩石是由

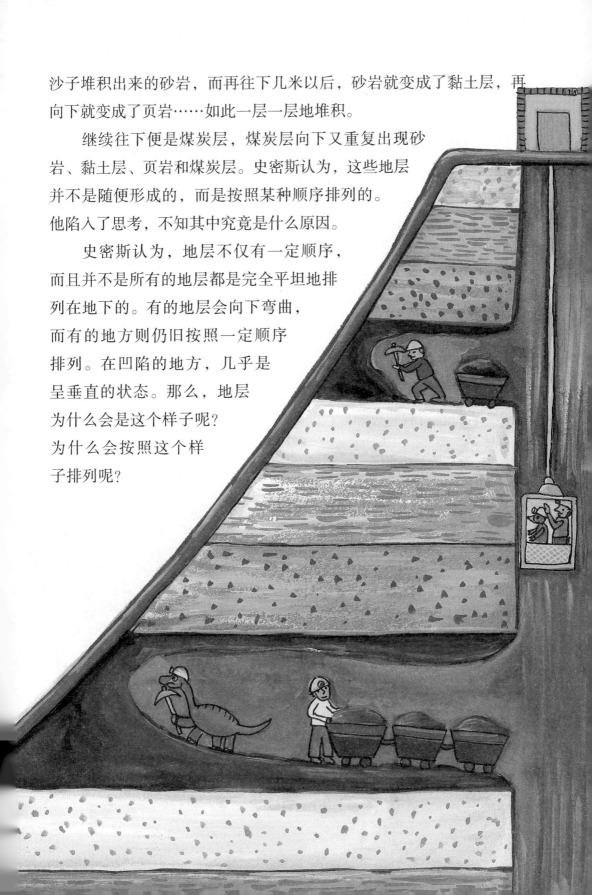

沙子堆积出来的砂岩，而再往下几米以后，砂岩就变成了黏土层，再向下就变成了页岩……如此一层一层地堆积。

继续往下便是煤炭层，煤炭层向下又重复出现砂岩、黏土层、页岩和煤炭层。史密斯认为，这些地层并不是随便形成的，而是按照某种顺序排列的。他陷入了思考，不知其中究竟是什么原因。

史密斯认为，地层不仅有一定顺序，而且并不是所有的地层都是完全平坦地排列在地下的。有的地层会向下弯曲，而有的地方则仍旧按照一定顺序排列。在凹陷的地方，几乎是呈垂直的状态。那么，地层为什么会是这个样子呢？为什么会按照这个样子排列呢？

史密斯仔细思考，为什么凹陷的地方几乎是呈垂直的状态，但是他始终得不出答案。不过，因为他发现了地层是按照一定顺序排列的，所以，就是这点发现已经足够他忙活了！史密斯想，既然地下的岩石是按照一定顺序排列的，那么地上的山脉里，是不是也能找到同样是按照一定顺序排列的岩石呢？他想，即使不凿开大山，应该也能观察到这些岩石的排列，可以知道哪些地方有哪些地层，这些地层的厚度是多少，以及每一岩层的上方和下方，都是由哪些岩层组成的。

　　史密斯开始想象，在矿洞的墙壁上，各种地层向下一层一层地排列。但是，这些地层在横向的层面上，是不是会不断地延续，一直延续到法国或者瑞士去呢？整个地球，是不是都是由这样的地层组成的呢？在史密斯的心中，开始出现更多的想法，这是此前的任何一个人都没有设想过的！

　　史密斯在我们看不到的大地深处，发现了大地的规律，他希望用地图来画出地底下的世界，来表示他所发现的规律。如果能将英国的大地和全世界的大地都画成地图，那该是一件多么好的事情啊！

　　从此以后，史密斯从一个测量师变成了一个绘制地图的绘图师。他想绘制一张前所未有的地图。正在他准备动手的时候，遇到了一个很好的机会，他进入一个运输公司工作。这个工作不仅需要测量土地，还经常会坐着船沿河旅行，顺便就可以观察和研究周围的地层。

　　每当坐在车里行进在路上的时候，史密斯总会收集一些岩石和化石，以及各种矿物质的碎片。他还会亲自来到悬崖和山谷，仔细观察那些不被人注意的岩石，不时用锤子敲敲打打。和他一起工作的人，都觉得他这样做非常浪费时间，是在做一些没有意义的事情。

　　史密斯经常随身带着锤子、纸和地图，走过了许多平原、大山和悬崖峭壁，收集了各种各样的化石和岩石的标本。后来，哪些地方有哪些岩石，他都了如指掌。

史密斯虽然是一个木讷的人，但是他却非常喜欢给别人讲有关地层和岩石的故事。不管是小酒馆的女招待，还是田里的农夫，或是餐厅里偶然见到的食客……很多人都曾经听过他讲的故事。所以，大家都将他称作地层先生。

不同的地层有不同的化石

史密斯经过长时间对地层的观察，得出了一个非常令人吃惊的结论。史密斯在不同的地层中，陆续发现了不同的化石。但是，他发现在同一个种类的地层中发现的化石的种类都是相同的。即使是两个相隔很远的地方，在相同的地层中，都会发现类似的化石。例如，在有的地层中经常会发现三叶虫和鹦鹉螺的化石；有的地层中会发现恐龙的化石；而其他地层中经常会发现煤炭……也就是说，在同类的地层中会发现同类的化石。

这个发现在地质学的发展历史中，是一个非常重要的发现。斯坦诺曾经认为，越靠下的地层历史也就越长。可是，为什么在不同的地层中，会发现不同种类的化石呢？根据史密斯的发现我们可以知道，我们按照在不同顺序的地层中发现的化石种类，可以推断哪些生物生活的时间更早，哪些动物生活的时间距离我们更近。

通过斯坦诺和史密斯的发现，地质学家们终于了解到生物进化的历史。人们了解到，哪些生物在地球上生活的时间更长，哪些动物生活的时间比较短；哪些生物和另一些生物生活在同一个年代，等等。即使是在两个相隔甚远的地方，只要是在相同的地层中，也能够发现类似的化石，所以世界各地的地质学家们，都纷纷开始对地层进行研究。全世界的地质学家们逐渐了解到，地球上曾经有哪些生物生活过。

这样一来，地质学家们的工作一下子变得多了起来。以前，收集化石的人只是一些业余的化石爱好者；而现在，更多的专家开始挖掘化石，并且为发现化石的地层取名字。

如果地质学家们在某一地层里发现了一种化石，他们便会用这里的地名来命名相应的地层。由于地质学最早是在英国发展起来的，所以很多地层的名称都是英国式的名字。例如，在三叶虫繁盛的寒武纪形成的岩层叫寒武系，这个名字源于英国威尔士地区的拉丁语名称。在寒武系之上，分别是奥陶系和志留系，它们分别产生于奥陶纪和志留纪，这两个名称也是源于英国威尔士地区的部落名称。

除此以外还有泥盆系，其产生在泥盆纪，泥盆这个名字，是在英国西南部一个郡的译名，在那里发现了很多鹦鹉螺的化石，因此，之后世界各地发现这种化石的地层，都被称为泥盆系。

在泥盆系之上是石炭系，石炭系之上是二叠系，二叠系是在二叠纪时代产生的。这个名字是来自于俄罗斯乌拉尔山脉一个地区名称。

二叠系再向上一层，是大家都非常熟悉的侏罗系。侏罗系这个名称，是来自于位于法国和瑞士之间的侏罗山脉的名称。如果在当时，韩国也有这样伟大的地质学家，在韩国的庆尚道发现了恐龙化石，然后公之于世，那么，这个地层的名称也许就不是侏罗系，而是"庆尚系"了。当然，这只是我举的一个例子而已，是希望大家能够明白这个命名的方式，大家觉得这种方式有意思吗？

之后的地质学家将地层按照年代顺序，分为古生代、中生代和新生代（后来，人们又发现了比古生代更久远的地层的化石，因此，人们把古生代以前的年代，分别命名为元古代和太古代）。每个代下面又可以分为不同的"纪"，而在每个纪形成的岩层又叫做"系"。如在侏罗纪形成的岩层叫侏罗系，在泥盆纪形成的岩层叫泥盆系，等等。

我们在学习的时候，即使不知道具体的纪的名称，也可以大致说恐龙生活在中生代，三叶虫生活在古生代等。

我们可以将地质学家们分类的地质年代，按照右侧的表格整理出来，这个表对于地质学的学习十分重要。不过，如果不了解它的真实意义，只按照表格的顺序背诵各个年代，是无法学到真正的地质学知识的。我们应该理解这些表格的真正用意，了解地质学家们是如何制出这个表格，这样才能学到真正有用的地质学知识。

而且，我认为大家没有必要每天拿着这个表格背诵，伟大的科学家爱因斯坦也是这样的！有一次，一个记者问了爱因斯坦一个非常简单的科学问题，但是爱因斯坦却没有回答上来。不过，爱因斯坦对记者这样说："这样的问题，只要查百科字典就能找到答案。我又不是百科字典，不可能记下所有的东西！"

如果没有史密斯的发现，地质学的发展也许无法像现在这样迅速。正是因为史密斯发现了各种化石，不断地对世界各地的大地和地层进行研究，所以世界各地的地质学家们才获得了灵感，纷纷开始了对地质学的研究。

不过，对于史密斯而言，还有很多需要他去完成的事情。虽然他收集了很多化石，按照年代的顺序将它们排列整齐，并且按照顺序做了一张表格。但是，表格上的内容，如何能够用一张地图表现出来呢？在当时，各个种类的地层还没有一个标准的名称来进行统一。于是，史密斯做出了一个足以震惊后世的举动！他用不同的颜色来区分各个时代的地层。石炭层用蓝色表示，石炭层上方的砂岩层用红色表示，而石炭层下方年代更加久远的地层，则用棕色表示……这真是一个非常聪明的想法！后来，所有的地质学家都按照史密斯的方法，制订了全世界通用的颜色标准，用来表示各种不同的地层。

地质年代表

地质时代划分			生物发展阶段
新生代	1800万年前	第四纪	本纪初期人类祖先出现
		第三纪	植物和动物面貌与现代接近
	6500万年前		
中生代		白垩纪	被子植物出现，真骨鱼类兴盛，末期恐龙灭绝
	1.35亿年前		
		侏罗纪	银杏、菊石和爬行类繁盛，鸟类出现
	2.06亿年前		
		三叠纪	裸子植物、爬行类发展，哺乳类出现
	2.5亿万年前		
古生代		二叠纪	晚期裸子植物开始发展，本纪末四射珊瑚、三叶虫等大规模绝灭
	2.9亿年前		
		石炭纪	真蕨等大量繁荣，笔石衰亡，爬行类出现
	3.55亿年前		
		泥盆纪	原始菊石出现，鱼类发展，至晚期，无颌类趋于绝灭
	4.1亿年前		
		志留纪	原始陆生植物出现，珊瑚、三叶虫等繁盛。至晚期，原始鱼类出现
	4.38亿年前		
		奥陶纪	海藻类广泛发育，三叶虫、笔石等繁盛，无颌类出现
	5.1亿年前		
		寒武纪	红藻、绿藻等开始繁盛。初期小壳动物群出现，其后三叶虫开始出现
	5.7亿年前		
元古代			蓝藻和细菌开始繁盛。至末期，软体无脊椎动物出现
	25亿年前		
太古代	40亿年前		晚期有菌类和低等蓝藻存在，但可靠的化石记录不多

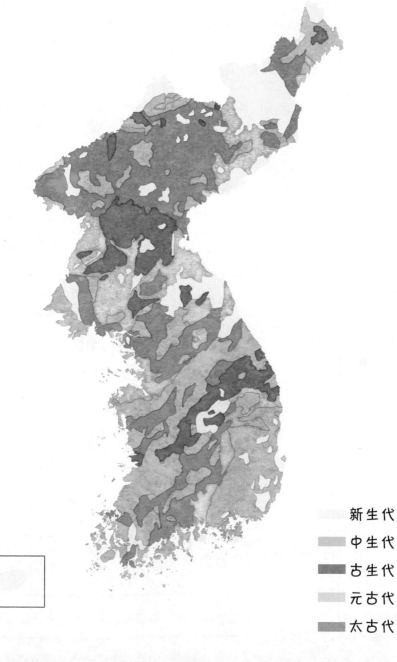

韩国国土中，新生代、中生代、古生代、元古代、太古代地层的分布图

新生代
中生代
古生代
元古代
太古代

左边这幅图是韩国的地质图。通过地质图我们可以看到，我们生活的地方，到底都有哪些时代的地层。我的家在京畿道的日山，从地质图中我可以找到，京畿道是在褐色的范围内，所以，这里的地层是比5亿年前的古生代年代更久远的元古代和太古代的地层。在我们看到地质图之前，相信每个人都不会相信，我们生活的土地，居然有这么长的历史！

现在，你们也在地图上找一找，自己生活的地方是用什么颜色表示的。这样大家都能知道，现在自己是生活在中生代的地层上，还是生活在古生代的地层上！之后，大家可以通过前面的地质年代表，看一看各个年代地层中相对应的化石。这样就能推断出在那个年代，你生活的地方都生活过哪些动植物了！

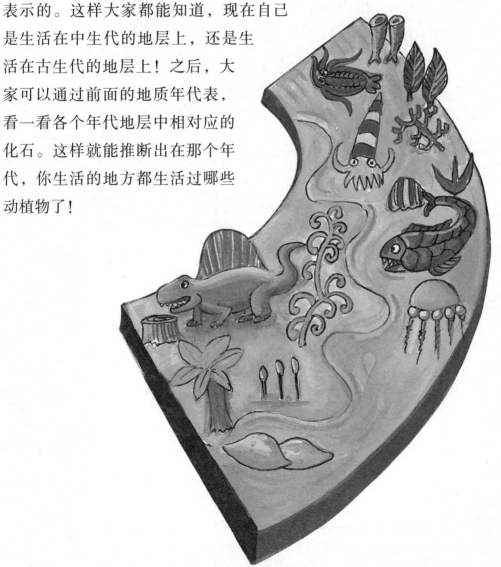

4

怎样才能知道地球的年龄

地球的年龄可大了！地球到今天，大概已经有46亿年的历史了。也许大家已经从别的地方看到过，地球已经46亿岁了。不过，知道这些并不算什么了不起的事情。知道地球的年龄，就像知道澳大利亚的首都是堪培拉一样，不算什么可以值得炫耀的知识。

可是，地质学家们是如何知道地球的年龄的呢？在46亿年前，世界上还没有任何生物，因此也不可能用46亿年前的化石来推断出地球的年龄。虽然地球上生活的生物经过漫长的岁月之后可以变成化石，但是，单凭化石还是无法推测出地球的年龄。

在很长时间里，地质学家们虽然不知道地球年龄和化石年龄，但是仍然通过研究，不断发展了地质学这门学科。根据斯坦诺和史密斯发现的规律，地质学家们确定了地层的顺序，并且为各个地层取了名字。

除此之外，地质学家们还知道，在不同的地层年代都生活着哪些生物。虽然有的时候地层会有塌陷等情况，但是由于底层排列的顺序从不改变，所以地质学家只要看一眼，就知道哪里是上层哪里是下层。

在考察地层的时候地质学家们发现，有恐龙化石的地层永远在三叶虫化石地层的上方；而石炭层则位于三叶虫化石地层和恐龙化石地层之间。因此可以推断，石炭时代比恐龙时代历史久，而三叶虫时代则比石炭时代历史更久。

但是，单靠地层的顺序也无法断定各个地层的年龄，这就好比你有两个兄弟，我们只知道你的年龄比哥哥小，比弟弟大，但是我们却无法知道你的确切年龄。不过，这时候即使我们不知道你的准确年龄，也可以通过比较你和你的兄弟来判断你们出生的顺序。

像这样通过和其他对象进行年龄大小的比较而得出的年龄，称之为相对年龄。但是，如果你没有兄弟姐妹，我们就无法知道你的相对年龄了。相反，如果你的兄弟姐妹数量越多，我们就可以越详细地比较出你的相对年龄。有关兄弟之间的详细信息，我们也就会知道得越多。化石也是这样的！如果在靠近地球中心的地方同时发现几个化石，就可以很容易比较出化石的相对年龄，而如果只发现一个化石，就无法知道它的相对年龄了。

地质学家们通过比较世界各地发现的化石，通过调查沉积岩的成分，按照地层顺序来断定某一个化石的相对年龄。

我们所说的侏罗纪、二叠纪等地质年代名称，也是通过这样的方法确定下来的。但是，在最早指定地质年代表的时候，地质学家们只知道地层的顺序和名称，却无法用具体的时间表的形式进行表示。而现在的地质年代表，不仅有地层的顺序和名称，还划分出了具体的年代。例如，侏罗纪从2.06亿年前开始，到1.35亿年前结束；白垩纪从1.35亿年前开始，到6500万年前结束。

可是，地质学家们是如何知道侏罗纪是从2.06亿年前开始，而不是从3亿年前开始，或者是从2000万年前开始的呢？他们又是如何判断恐龙是在6500万年前灭绝的呢？

地球的年龄像橡皮筋一样伸长缩短

现在，大家就来像科学家们一样，试着解决一下这个问题吧！在100多年前，地质学家们掌握的地质知识和我们在这本书里讲到的知识数量相差无几。那么，他们是如何知道地球的真正年龄的呢？科学家们既然不知道化石的年龄，那又是如何判断出地球的年龄呢？

在19世纪，有一位著名的科学家卡尔文，他认为可以通过测量地底的温度来推断地球的年龄。卡尔文勋爵（卡尔文是一位长寿的科学家，在那个时代，有权威的大学者就会被称为"勋爵"）认为地球的内部温度非常高，人们在开采煤矿或者其他矿产的时候，会在地上钻一个钻孔，然后来测定地下的温度。结果，人们发现越深的地层温度就越高，每向地下前进100米，温度就会高约3℃。卡尔文勋爵认为，地球最早是由高温的液体组成的，之后才逐渐一层一层地冷却下来。他认为，由于现在地球还处于不断冷却的过程中，因此只要利用石头溶解的温度和石头冷却的速度，就可以推测地球的年龄。通过这种方法，卡尔文勋爵推断地球的年龄约在2000万年到1亿年之间。

另一位科学家埃德蒙·哈雷（他就是发现哈雷彗星的著名天文学家）认为，可以测量海水中的盐分来计算地球的年龄。哈雷认为，最早的海洋并不是咸的，在漫长的时间里，陆地上的盐分通过河水进入了大海，所以海水才会慢慢变咸。如果我们能知道几百年后海水的咸度，就可以以此来计算地球的年龄。后来的学者真的按照这个方法，通过计算海水中的盐分，计算出了地球的年龄，他们计算的地球年龄大概是8900万年。

　　还有一位科学家根据地层的厚度来计算地球的年龄。这位科学家根据海底的沉积物每过8000年就会沉积2.5厘米，因此判断出地球的年龄在2亿年左右。可是，海底沉积物的沉积速度是各不相同的，有的地方100年会沉积30厘米，而有的地方沉积30厘米却需要9000年的时间。如果按照不同的速度计算，地球的年龄可能从300万年到24亿年不等。

　　不同的地质学家用不同的方法计算地球的年龄，结果地球的年龄就像橡皮筋一样，长长短短不能确定。

　　在各种方法中，你们认为哪种方法是最正确的呢？最终科学家又是通过哪种方法计算出了地球真正的年龄呢？

　　20世纪初，科学家们采用各种各样的方法，试图计算出地球真正的年龄。但是，不管是测量地底的温度，还是测量海水中盐的含量，或是测量海底沉积物沉积的速度，都存在着很多问题。因为通过以上的方法，测量出的地球的年龄存在巨大的差距，从2000万年到24亿年不等。可是，不管是2亿年还是20亿年，对人类来说都是一个天文数字，因为人类可知的历史只有5000年左右，而几亿年的时间让人们觉得无法接受。所以，不管科学家们如何计算，当时仍旧有很多人相信地球的年龄只有6000多年，最多也不过1万年左右。

那么，科学家们最终是如何测定地球的年龄的呢？当时的科学家们认为，地球自己本身并没有记载着自己何时诞生，既然不能找出记载地球究竟有多长历史的线索，所以人类也无法对地球的年龄进行准确的计算，也就无法解开其中的秘密。

可是，有一位科学家却解开了这个秘密。不过，在他最早发现这个秘密的时候，并没有意识到这些线索和地球的年龄有什么关系。

石头中的钟表

20世纪初，在法国巴黎生活着一位非常勇敢的女性。不过她在当时还没有任何名气，以至于没有任何一个科学家知道她的名字，她就是居里夫人！居里夫人从澳大利亚的一个矿山中，发现了很多废弃的铀矿石。她找人用卡车运回了一卡车铀矿石，然后开始对这些矿石进行研究。她像过去的炼金术士一样，将矿石粉碎、加热、煮沸……在反复进行了几百次实验以后，居里夫人发现了从未有人发现的镭元素。

镭元素是从铀元素中产生出的一种非常奇妙的元素。令人感到惊奇的是，铀元素在不断衰变之后，就会产生出新的元素——镭元素。不过，镭元素的含量非常少，即使在堆积如山的铀矿石中，也只能提炼出非常微量的镭元素。在居里夫人发现镭元素之前，还没有任何一个人在自然界发现过这种元素，人们甚至不知道自然界中还存在着这种元素，然而居里夫人却从铀元素中提炼出了镭元素。

居里夫人的发现震惊了所有科学家。铀元素居然可以变为镭元素！在很早以前，炼金术士们认为一种元素可以转化为另一种元素，但是物理学家和化学家们却认为，这样的变化是绝不可能

发生的。

　　在炼金术士们退出历史舞台的100多年时间中，科学家们致力于寻找各种物质的组成元素。最终，他们找出了组成所有物质的92种元素。他们一致认为，这些元素都不可能变成其他元素。但是，铀这种奇异的元素，却能够自己衰变成另一种元素——镭元素。而如果镭元素继续进行分裂，最终居然能够得到铅元素！这是由于镭元素原子核的状态不稳定，所以才会发生这样的变化。

　　在铀元素变成镭元素的过程中，会放出大量的光和热。我们将元素释放出能量，并变成其他元素的性质，称为放射性。居里夫人是第一个将这个词公之于世的科学家。在后来，放射性元素被用在我们生活中的各个领域。医生们利用放射性元素来治疗癌症；政治家们用它来制造核武器；而地质学家们则利用放射性元素来计算地球的年龄。

　　放射性元素为什么能够计算地球的年龄呢？科学家们发现，铀元素的衰变具有相当的特殊性，不管在何时何地，不管是在100年前还是100年后，不管是在非洲还是北极，铀元素的衰变速度都是一成不变的。铀元素总是按照一定的时间和一定的量进行衰变，产生的铅的量也是一定的。科学家们利用这样的变化规律，预测变化的结果，并用数学方法进行计算。

科学家们通过精密的实验，观察铀原子的原子核遭到破坏，转化为铅原子的过程。铀原子在遭到破坏以后，原来的铀原子原子核的量就会减少一半。剩下的铀和新产生的铅的量变成了一比一。科学家们将原子的原子核的量变为初始时候一半所需要的时间，称作半衰期。

放射性元素经过一定的时间，就会变成原来的一半。因此，我们可以将石头中的放射性元素想象成钟表一般！

有一位科学家立刻意识到了这其中的含义。如果某些石头中含有放射性元素，而我们又知道它的半衰期，我们就可以通过比较剩下的放射性元素的量，以及新产生的元素的量，来计算出石头的年龄。物理学家卢瑟福第一个通过这种方法，在实验室中计算出了石头的年龄。在实验成功的那天，卢瑟福在一个运动场上，见到了一位地质学教授，卢瑟福问道：

"你知道地球的年龄是多少吗？"

地质学教授回答，大约是1亿年。卢瑟福听了他的话，说：

"是吗？可是我现在拿在手里的这块石头，寿命超过了7亿年！"

通过卢瑟福的实验，人们证明了地球的年龄，至少在7亿年以上。今后，只要能够找到历史更久的带有放射性元素的石头，就能进一步证明化石的年龄和地球的年龄了！

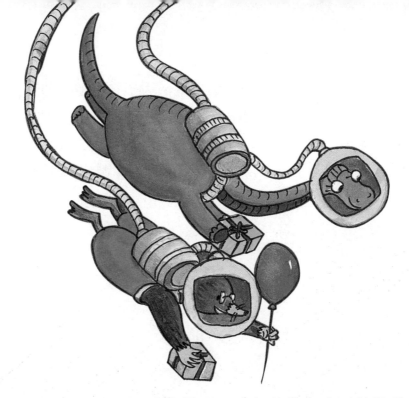

　　利用含有放射性元素的石头来推测石头年龄的方法不断得到发展。随着这种方法的不断进步，科学家们还发现，除了铀元素以外，世界上还存在其他种类的放射性元素。而不同的放射性元素，各自的半衰期也不相同。例如，如铀–238的半衰期为45亿年，镭–226的半衰期为1600年，钴–60的半衰期为5.26年，碳–14的半衰期为5730年。

　　地质学家们不断地从化石中发现放射性元素，通过计算放射性元素的半衰期，他们就可以得出化石的真正年龄。终于，在地质年代表中，科学家们可以加入化石的真正年龄了。发现石灰岩最多的白垩纪，距今约6500万年；发现巨大植物化石的石炭纪，距今约2.9亿年；三叶虫生活在更久远的寒武纪，大约距今5.1亿年。不过，科学家们仍然认为，计算相对年龄是十分重要的，通过比较不同化石的相对年龄我们可以得知，过去的生物在地球上都发生了哪些事情。

　　那么，利用放射性元素和化石，我们也可以计算出地球的年龄吗？利用化石，我们只能推断5亿年左右的历史，超过5亿年就很难用化石推断了。因为5亿年前的生物，并没有变成化石保留至今，即

使有也很难被人们发现。为了知道地球的真正年龄，在生物出现之前地球就已经存在了多少时就需要找到地球上历史最久的石头，并且用放射元素推测出它的年龄。至今为止，地球上发现的历史最久的石头，是在格陵兰岛发现的方铅矿石。这些石头的年龄已经超过了34亿年。不知道地球上是否还有比它们寿命更长的石头，不过，即使这样的石头存在，想要发现也不是一件简单的事情。

　　既然寻找地球上年龄最老的石头有一定困难，科学家们便开始着手研究，从太阳系掉到地球上的陨石的年龄。他们得出了令人吃惊的答案——从太阳系掉到地球上的陨石的年龄已经约有46亿年。

　　那么，陨石的年龄和地球的年龄有什么关系呢？这些陨石大部分是来自火星和木星中间的小行星带。在这个小行星带里散布着成千上万颗小行星和陨石。在太阳系产生的时候，它们由于体积太小没能够成为行星，所以便散布在火星和木星之间的空间中，这其中的一些石头偶然间落到了地球上，这就是我们在地球上找到的陨石。

　　正是这些陨石，为科学家们提供了计算太阳系产生时间的重要信息。现在，科学家们坚信，地球和太阳系中的其他行星、陨石一起，大约是在46亿年前一起产生的。

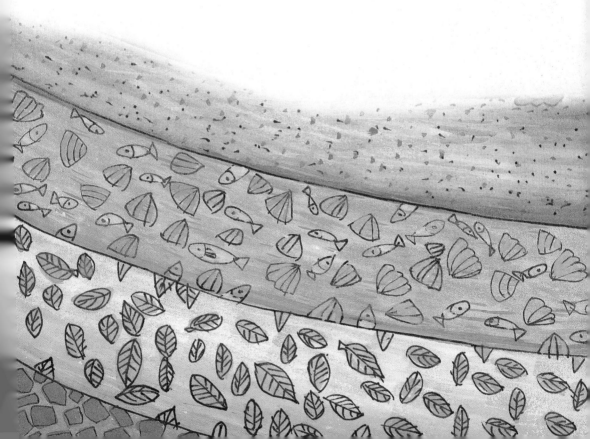

5

很久很久以前，
大陆是连成一体的

首先，我要为一直坚持阅读到这里的你们鼓鼓掌！现在，大家既可以继续读下去，也可以出去玩儿一会儿，明天再继续阅读。如果你打算继续一口气读下去，我们现在要稍微调整一下，一起来做一个有趣的想象游戏！

我们来假设一下，地球外面，生活着一个身材超大的巨人。巨人的年龄是45岁，他们过1000年就像我们过一天一样。但是，巨人在漫长的时间里，觉得自己的生活非常无聊。于是，他养成了一个习惯，每天都仔细观察地球，看看地球上究竟发生了什么事情。那么，巨人究竟看到了什么呢？

就像大家在这本书中看到的一样，地球上的石头不断粉碎，流到了大海里；海里的沙子又重新变成了石头。巨人为了看得更清楚，将视线穿过重重的云层，仔细观察高山和平原的样子。他又发现了一些比自己小得多的人，手拿着锤子研究地层，并从石头中发现了许多化石。

地球上每天都在发生着无数的事情，其中也有让巨人感到非常吃惊的事情。例如火山爆发、地震以及巨大的陆地不断地分分合合，原本平平的陆地上隆起了高高的山脉……

如果真的存在这样一个巨人，他就会看到这样的景象。相信他一定也会感到好奇，这个小小的星球上到底为什么会发生这么多的事情呢？

同学们大概一直都重复着这样的生活，每天在自己的家里、学校和补习班之间来回活动。不过，你们知道吗？在我们不知不觉中，地球上的土地正在不断地运动，有的地方发生了火山爆发，有的地方产生了新的山脉。虽然我们不能用眼睛直接看到这些变化，但是，在那位正在观察地球变化的巨人的眼里，这些变化每时每刻都在发生着。如果我们也能够拥有像巨人一样的视野和心态，能从地球外面来观察地球的话，该有多好啊！如果可以这样，我们也能够看到很久很久以前，地球上发生的变化。这样一来，你们对地球的变化过程，一定会产生更大的兴趣！

　　下面的这幅地图，是很久很久以前的世界地图。让我们在这幅古老的地图上，找一下亚洲、欧洲、美洲、非洲和南极！在地图上，我们生活的土地又在哪里呢？在这幅地图上，大家熟知的陆地和海洋，都与现在的位置完全不一样。在这幅地图上，美洲大陆是

分成了两块的，而南极板块和印澳板块则是连成在一起的。

同学们一定会认为，这幅地图画错了！不过，在很久很久以前，地球的样子正如这幅地图中描绘的一样。这幅地图是1.8亿年前恐龙时代的世界地图。角鼻龙和剑龙就是在这样的大陆上繁衍生息。如果恐龙的世界里也有学校的话，那么，小恐龙在上地理课的时候，老师就会在黑板上贴上这样一幅地图，然后对所有的恐龙说："这就是我们生活的地球！地球是由两大块陆地组成的，还有一片面积巨大的海洋。"

那么，在恐龙时代和我们生活的时代之间，地球上究竟发生了什么事情呢？为什么恐龙时代的世界地图，和我们现在看到的世界地图之间，竟有这么大的差异？

在恐龙支配世界的年代，地球上发生了巨大的变化。虽然恐龙们完全没有觉察到，但是陆地正在不断分离，一点点向四面八方运动，陆地和陆地之间逐渐形成了海洋。等到了恐龙灭绝的时代，世界的样子就变得和我们现在看到的世界地图基本相似了。

等一下！这种说法是真的吗？真的可以相信吗？既没有人能够坐时空飞船到恐龙时代去旅行，恐龙们也没有给我们留下地图，究竟人们是依据什么理由画出这幅地图的呢？这幅地图上的内容真的可以相信吗？陆地真的在不断地运动吗？

如果我生活在100多年前，我的职业和现在一样，也是一个作者，我绝对写不出现在这些内容。大家在书上，也绝对看不到有关大陆运动的知识。不过，说不定我会在笔记本上写下这样的话："有个科学家提出了一个愚蠢又奇怪的理论，他居然说大陆是在移动的！他认为在很久以前，所有的大陆都是连在一起的。这个科学家为了证实这个没人相信的理论，到处去搜集证据，结果死在了北极寒冷的冰层上……"

没错！在很久以前，有一位叫魏格纳的地质学家提出了这样的观点，而当时却没有一个人相信他的理论。你们想不想知道，魏格纳究竟为什么会产生这样的想法呢？让我们将时间回转，回到魏格纳生活的20世纪初期，去一探究竟吧！

大地竟在移动？

一位叔叔正躺在床上。他在睡午觉吗？不是！这里是为受伤的士兵提供治疗的战地医院。这位叔叔在战斗中受了伤，好在他的伤并不严重，并及时被送进了医院进行治疗。在病床的名牌上，记录着这个士兵的名字，他就是魏格纳。魏格纳叔叔躺在病床上，受伤的部位缠着一层层厚厚的绷带，他的手里拿着一幅世界地图，正在仔细观察着。负伤的士兵躺在医院里，居然还在看世界地图？躺在旁边的另一个士兵感到非常不解，他想，这个人可能为了躲避战争，想要逃到其他地方去吧！

魏格纳最喜欢看画着海洋和陆地的世界地图。在他年轻的时候，就已经学习了很多天文学的知识。之后他又开始研究有关天气、风、石头、冰川以及大地的知识。26岁的时候，魏格纳和弟弟一起，乘坐一个巨大的热气球，勇敢地飞上了天空，并连续飞行了52个小时，打破了当时的世界纪录。直到战争开始之前，他都不断地学习和研究。为什么天气会不断变化呢？石头是怎么产生的呢？巨大的山脉又是从什么时候开始出现在地球上的呢……

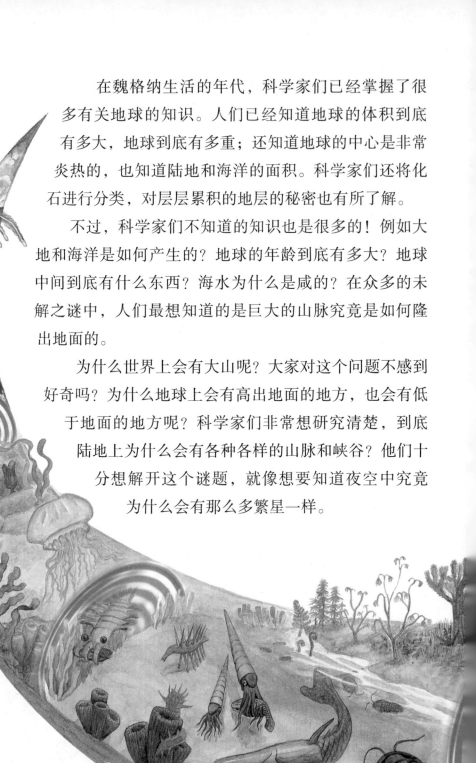

在魏格纳生活的年代，科学家们已经掌握了很多有关地球的知识。人们已经知道地球的体积到底有多大，地球到底有多重；还知道地球的中心是非常炎热的，也知道陆地和海洋的面积。科学家们还将化石进行分类，对层层累积的地层的秘密也有所了解。

不过，科学家们不知道的知识也是很多的！例如大地和海洋是如何产生的？地球的年龄到底有多大？地球中间到底有什么东西？海水为什么是咸的？在众多的未解之谜中，人们最想知道的是巨大的山脉究竟是如何隆出地面的。

为什么世界上会有大山呢？大家对这个问题不感到好奇吗？为什么地球上会有高出地面的地方，也会有低于地面的地方呢？科学家们非常想研究清楚，到底陆地上为什么会有各种各样的山脉和峡谷？他们十分想解开这个谜题，就像想要知道夜空中究竟为什么会有那么多繁星一样。

在那个时代，生活着一位叫修斯的科学家。他一生的时间都拿着拐杖和凿子，在危险的山脉中不断地探索研究。最终，他得出了一个结论，认为地球原本是非常炎热的，之后逐渐冷却了下来。在冷却的过程中，陆地上逐渐产生了皱褶。他将这个理论称为"烤苹果理论"。他认为，地球和烤苹果一样，当加热变凉以后，表面就会产生皱褶。

地球在冷却的过程中，表面形成了高低不平的皱褶，因此便出现了山脉。魏格纳也看到了这个理论，在很长的时间里，他一直都在思考，这位科学家所说的理论究竟是不是正确的呢？

魏格纳躺在脏乱不堪气味又难闻的医院病床上，在无数的伤员中间，手举着世界地图进行研究。他虽然没有登上过阿尔卑斯山，但是却大胆地进行想象，即使是比阿尔卑斯山更高更雄伟的喜马拉雅山，也存在于他的想象之中。

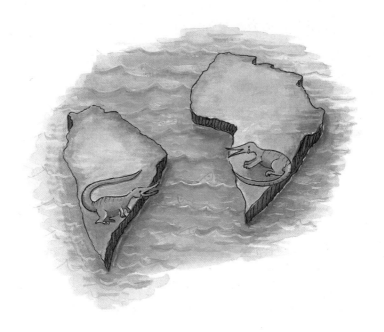

　　没错！魏格纳忽然睁大了眼睛，他在地图上发现了十分奇异的事情。他发现非洲大陆左侧的形状和南美大陆右侧的形状，就像拼图一样，是相互吻合的（在此之前，曾有一位伟大的科学家提出过这样的观点，但是，当他把这个观点告诉别人的时候，所有的人都认为他是在开玩笑）。魏格纳大喊："护士！麻烦你给我拿剪纱布的剪刀来！"他用剪刀把地图减下来，然后粘在了一起。他看着拼好之后的地图，心想这究竟是为什么呢？这难道是巧合吗？不过，科学家们并不喜欢"巧合"这种解释。魏格纳希望找出答案，这两块大陆的边缘究竟为什么会相互吻合。

　　魏格纳提出了一个令人吃惊，甚至令人感到怪异的假设——在很久以前，这两块大陆是不是连在一起的呢？它们原本是一体的，经过了漫长的岁月便相互分离开来，陆地中间逐渐形成了海洋，一直运动到今天我们所知道的位置。不仅是非洲大陆和美洲大陆，他还发现，如果仔细观察地图，可以看出非洲的西北侧海岸和北美的东南侧海岸也是相互吻合的。于是，魏格纳又产生了更大胆的想象。整个世界在很久很久以前，是不是连成一体的一块大陆呢？

魏格纳假设整个世界原本都是连成一体的一块大陆，后来不断分离开来。分离开的陆地在和其他陆地相撞的时候，通过撞击便产生了高耸的山脉。不过，他立刻摇头否定了自己的观点。他对自己说："这些都是我的胡思乱想！陆地怎么可能是连成一体的呢？又怎么可能不断运动呢？如果我对别人说了这些话，他们一定会笑话我的！"

虽然如此，魏格纳却无法将这个想法从脑海中抹去。等到伤势痊愈，战争结束以后，魏格纳回到家中继续开始研究。

 ## 科学家们最初不相信大陆漂移学说

有一天，魏格纳偶然间在一本书中读到了有关中龙的内容。中龙生活在2亿至3亿年前，样子长得像蜥蜴一样，是一种长着长长尾巴而且体积不大的爬行动物。

虽然现在人们已经看不到中龙的样子，但是由于中龙的化石保存到了现在，所以人们仍然可以对中龙进行研究。在非洲大陆西侧和南美大陆东侧，科学家们都发现了中龙的化石。魏格纳认为这种现象非常奇怪。在两块大陆中间隔着巨大的海洋，大家也可以在地图上对应着找一下，你们就会看到在这两块大陆中间隔着宽阔的大西洋。

难道中龙坐着竹筏横渡了大西洋吗？这当然是不可能的！如果只是一条河，也许中龙能够渡过，但是，宽广的大西洋是它们无论如何也无法横渡的。于是，科学家们想出了各种设想来解释这种现象。他们相信，在很早很早以前，在大西洋中间有一条巨大而狭长的道路，但是，这种理论并不具有说服力。如果真的存在这么一条道路的话，这条道路的长度起码要超过6000千米。不过，还是有科学家相信，确实有这么一条道路存在，并且在某一

天突然沉到了海底。

魏格纳认为，这种说法并不足以取信。这时，魏格纳的头脑中又浮现出自己在医院时涌现出的那个想法。如果用这个方法似乎就可以解释，为什么在隔着宽阔海洋的两块大陆的沿岸都能够发现中龙的化石。他认为，在很早以前，这两块大陆是连在一起的，后来它们逐渐分离开来，因此，中龙的化石才会出现在不同的地方。他认为，小小的中龙化石就是证明大陆漂移的重要证据。

"没错！在很早以前，大陆是连成一体的！陆地不是固定不动的，而是不断运动的！"

魏格纳认为，不仅是非洲大陆和美洲大陆，其他的陆地也曾经是连在一起的。为了寻找证据，魏格纳付出了极大的努力，他非常清楚自己需要寻找什么样的证据。

让我们来举个例子，你们在拼白雪公主拼图的时候，要想拼出她的样子，必须从拼图的边缘开始找起。如果不从边缘下手，就无法将拼图拼好。魏格纳认为，大陆也像拼图一样，散落在地球各个角落的陆地也能够拼出一幅图画。只要通过化石和石头的痕迹，石头的年龄和重量，以及大山的样子，就可以拼出这幅图画。如果很早以前大陆是连成一体的，那么在这些大陆上就会存在相同种类的石头。即使大陆相互分离，又经过了漫长的时间，但是两块大陆边缘的石头应该是属于相同的种类，石头中的化石也应该是类似的。

这些事情在一般人看来并没有什么特别之处，但是，在那些拿着凿子和锤子，不断寻找、观察岩石的地质学家们眼中，就会出现这样奇妙的图画。于是，魏格纳为了验证自己的想法，阅读了很多旅行探索记录，不断地进行思考，还亲自拿上地图，来到不同的大陆进行考察。

魏格纳经过考察，确认了相聚甚远的大陆上真的有类似的石头存在。不仅如此，还有一些无法跨越宽广海洋的动物和植物的化石，也在不同的大陆上被发现了。而且他还发现，有些山脉在一块大陆的海岸突然中断，而在另一块大陆会继续延续下去。

大家可以在世界地图上寻找一下阿巴拉契亚山脉以及加勒多尼亚山脉。山脉在北美海岸突然中断，然后在大西洋的另一侧，又突然间出现了。通过这个事实，我们可以证明，北美大陆和欧洲大陆在很早以前是连接在一起的。

魏格纳还对过去地球上的天气进行了研究。现在的北美、北欧以及西伯利亚地区都是非常寒冷的。但是，魏格纳认为在3亿年前，这些地方都是非常炎热的地区。因为在北美、北欧和西伯利亚地区出产了大量的煤炭。这些煤炭都是在很早以前，巨大的树木被埋在土壤中以后，经过长时间的变化演变而成的。想要形成煤炭层，必须在一年之内都是持续的高温。通过这些事实，魏格纳认为，北美、北欧和西伯利亚地区在3亿年前都是连在一起的，并且这些地区的天气都十分炎热。

同时，魏格纳还在一些地区发现了冰河的痕迹（冰层覆盖在地面上的时候，会缓缓地移动。这样在冰层下面的石头上就会留下条纹形状的痕迹，或被腐蚀出深沟，这些就是冰河的痕迹）。那么，在这些炎热的地方为什么会留下冰河的痕迹呢？通过这个发现魏格纳又推断，在3亿年前，澳大利亚、南美洲、非洲和印度大陆，都和南极大陆的位置非常接近。

通过研究石头、化石和冰河的痕

变迁的世界地图

在很久以前，所有的大陆都是连成一体的。
2亿年前左右，巨大的大陆开始分离。

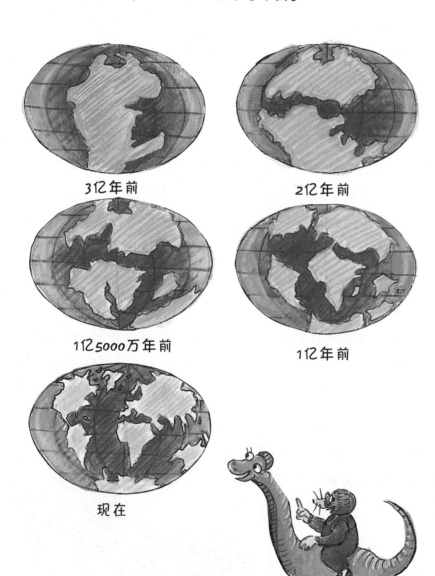

3亿年前

2亿年前

1亿5000万年前

1亿年前

现在

迹，魏格纳越来越相信，在很久以前，所有的陆地都是连接在一起的。在3亿年前，整个世界就是一块巨大的大陆，在陆地的周围包围着海洋。魏格纳将这块陆地称为总陆地或原始大陆，并取名为为"庞哥"。而巨大的原始海洋则称为原始大洋或泛大洋。

魏格纳将大陆漂移理论和证据出版成书，在当时引起了其他科学家巨大的愤怒。"大陆能够移动？真是一派胡言！"科学家们完全不相信他的理论，不相信大陆会发生漂移，他们甚至集合在一起成立了一个"反对大陆移动学说委员会"。他们认为魏格纳观察地球的视角太过偏执，他的大陆漂移学说是不完整、不正确的！

魏格纳并没有站出来反驳。因为在当时他还无法解释清楚大陆到底是如何进行漂移的。

20世纪30年代，魏格纳为了寻找大陆漂移的证据，来到了北极圈内冰天雪地的格陵兰岛进行考察。他在50岁生日那天，返回西海岸基地的途中，在一片白茫茫的冰天雪地里迷失了方向，再也没能回到基地。直到第二年人们才发现他的尸体，他已经冻得像石头一样了，俨然和他终生为之奋斗的这片土地浑然一体了。

这就是我所知道的有关魏格纳的所有故事。在他的一生中，提出了大陆漂移学说，他为了这个理论不断寻找证据，不仅遭到了周围人的责难，而且最终还为此献出了生命。让我们拿出一张地图，展开后仔细地观察吧！不管是亚洲、非洲还是南极洲，甚至是一个小小的岛屿，在地球上都画得非常仔细。但是，在很早很早以前，所有的大陆和岛屿的位置，都不在现在我们看到的样子。在那个时候，所有的陆地都连在一起，海洋也只有一个。在漫长的岁月中，陆地逐渐分离开来，不断移动，并且形成了全新的海洋。陆地在相互撞击的时候，就会形成隆起的山脉。最终，大陆运动到了今天我们熟知的位置。

6

地壳的"角力游戏"

　　你知道吗，我们脚下的土地每天都在不停地运动着。虽然我们用眼睛看不到，但是我们脚下的巨大且坚硬的陆地，正在一点点不停地运动着。怎么？你不相信吗？不过，我说的这些都是事实！虽然在魏格纳生活的年代没有人相信大陆漂移学说，但是，在那之后，这个秘密逐渐被科学家们解开了。

　　20世纪50年代，科学家们在大西洋的海底发现了地球上最大的山脉。这条山脉的长度达2万千米，高度超过了3000米。最初科学家们认为，这条山脉是很久以前沉到海底的传说中的神秘大陆。因此，在很长一段时间里，科学家们都认为人类发现了消失已久的大陆。可是，后来科学家们发现，这并不是沉入海底的原始大陆，而是地球上最长、最大的山脉。在这里，科学家们有了令人十分震惊的发现，在巨大的山脉之间，有一条深深的峡谷，将山脉分成了两个部分，就好像将山脉从中间一分为二一样。

　　科学家们开始考察深谷左侧和右侧山脉上的石头和泥土的年龄，发现了一个十分奇异的现象。两侧山脉中距离深谷越远的陆地，年龄就越久远。而山脉中间的地方，看起来好像是被切开了一样，这些地方的石头和泥土的年龄，则相对比较小。

这个现象到底有什么含义呢？科学家们只能承认：大地在不停地相互分离！除此之外，再没有其他的理论可以解释这个现象了。到这时，人们才恍然大悟——原来魏格纳说的都是真的！我们脚下的大地在不断分离，山脉之间的空隙逐渐加大，而地底炙热的岩浆不断涌出地面，填满裂缝中的空隙。

岩浆是地底下因高温而溶解的岩石，它们涌到山脉之间的空隙中，并且逐渐地向四周扩散。等到喷涌出来的岩浆冷却之后，便形成了坚硬的石头。通过调查，科学家们发现山脉的中央部分年龄较小，而越向外的部分年龄则越大。

土地不断分离，相互挤压，岩浆不断涌出来，填满土地间的裂缝——这个观点在当时给人们带来了巨大的震撼。那么，如果地球上不断发生这样的事情，地球会变成什么样子呢？海底会不会不断出现新的土地，地球会不会像气球那样不断胀大呢？其实，事实并不是这样，因为只要在某些地方出现了新的土地，在其他一些地方就会有相应的土地消失不见。

 ## 地球正在不断分裂！

科学家们面对世界地图，陷入了困惑之中。一些科学家在地震多发的地区标上了红点。结果，他们意外地发现，这些红点连在一起居然组成了一幅图画。地震并不是在任何地方都会发生的，而是在陆地的边缘地区会经常发生。如果将世界地图想象成一幅拼图，那么地震多发的地区就是相当于拼图边缘的地区。

科学家们发现，在地震多发地区附近的海底中存在着很深的深沟。科学家们认为这些深沟就是消失的土地。大面积的土地向地球中心部分深陷下去，导致地震的产生。由于海底的山脉会产生新的陆地，因此产生了向侧面运动的力。同时，大陆板块边缘不断撞击，陆地也不能承受这么巨大的力量，所以便向地球中心部分凹陷下去。科学家们将海底深陷进地球内部的深沟称为海沟。

在科学家们发现这个事实以前，人们一直坚信包围着地球的大地，在陆地和海洋的下方是毫无间隙地连在一起的。年龄小的孩子们可能会认为，陆地和陆地之间存在着海洋，所以陆地和陆地是相互分隔开来的。其实，在海底也是有陆地存在的。如果将海水全部抽干就能发现，我们现在脚踩的大地是一直延伸到海底的。

但是，科学家们在那个时候却发现事实并非如此。海底的土地有的连在一起，有的相互分离，共同组成隆起的山脉或者凹陷的海

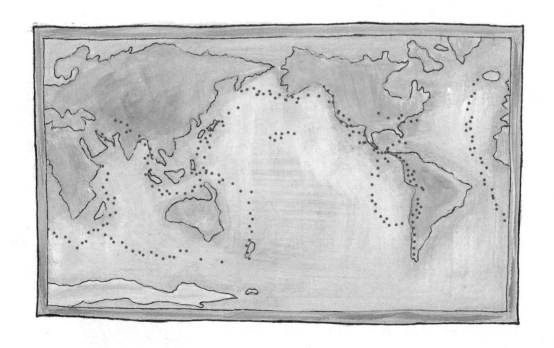

沟。科学家们将地球比喻成一个巨大的海龟。大地就像海龟的龟壳一样，有的地方凸起，有的地方则凹陷下去。

我们把这样分成一块一块的土地称为板块。板块其实和大地是一回事，但是科学家们在证实了大地被分成一块一块的之后，为了加以强调，便给它们取名为板块。

我们生活的地球，表面被板块包围着，在地球上所有坚硬的部分都可以称为板块。不论是大山，还是平地，或者是海底，都属于板块的一部分。我们就生活在板块之上，我们修建的房屋、建造的公路，以及大自然中的森林和海洋，都在板块之上。

地球可以分为太平洋板块、亚欧板块、北美洲板块、南美洲板块、非洲板块、南极洲板块、印度洋板块共7个巨大的板块。除此之外，还有20多个小板块。韩国就位于亚欧板块上。

板块不会永远停滞在一个地方不动，而是不断地在运动。它们

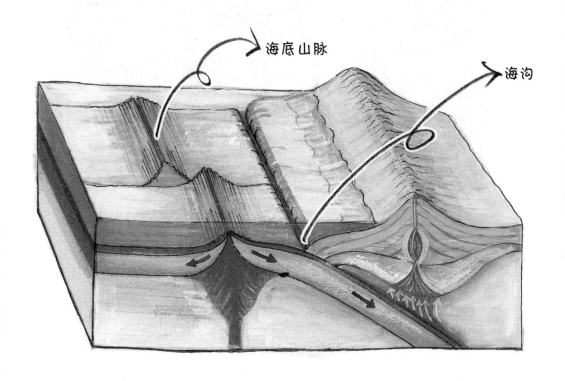

海底山脉

海沟

地壳分裂成板块

通过地图我们可以看到，陆地存在于海洋之间，好像相隔非常遥远。不过，实际上陆地和海底的土地是连接在一起的。

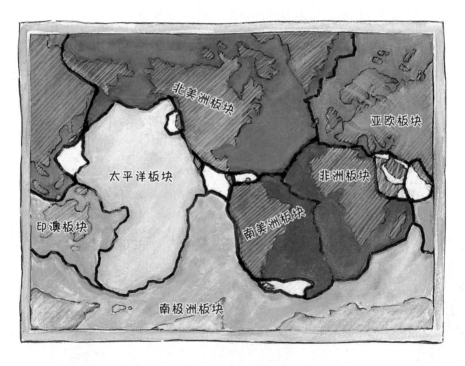

北美洲板块

亚欧板块

太平洋板块

非洲板块

印澳板块

南美洲板块

南极洲板块

地球的地壳是由连接陆地和海底的巨大板块构成的。板块是相互分裂的，在板块的边远地区就常会发生火山爆发和地震。

有的时候相互分离，有的时候会相互撞击或摩擦。不同的板块运动的路线也各不相同。不过，各个板块并不会"友好"地携手并肩，一同朝着一个方向运动。有的板块运动的速度非常缓慢，有的板块运动的速度则很快。欧亚板块相对于北美板块每年约以2厘米的速度向东方运动，而太平洋板块每年约以10厘米的速度向西北运动。

巨大的板块各自进行运动的时候，经常会出现撞击和摩擦。在这个过程中会发生什么样的事情呢？虽然板块从名称上让我们很容易联想到木板、石板，但是，实际上板块的运动可不是像木板、石板发生碰撞的时候那样平凡无奇。板块相互撞击或摩擦的时候会发生非常严重的后果。

山脉隆起、火山爆发、地震发生的秘密

在很久以前，人们并不了解高高的山脉是如何形成的，因此也不知道可怕的火山爆发和剧烈的地震是由什么原因引起的。在当时有很多传说，有的人说，地球的温度原本非常高，当它冷却下来的时候，地面上便出现了褶皱。有的人认为，地下住着一只巨大的蝎子，一旦它动了，就会有地震出现。还有人说，地底住着火龙，火龙生气的时候就会喷出火球，这就是火山爆发。另外还有人认为，有一个脖子被砍断的邪恶的神住在地底，是他让火山爆发的……

现在，科学家们已经证明，大地是由分割成若干块的板块组成的，而每个巨大而厚重的板块都在不停地运动着。

此外，不管发生什么情况，板块都会按照自己的方向不停地运动。由于板块的运动，给地球带来了非常大的变化。

当板块和板块相互分离的时候，地底下炙热的岩浆就会涌出地面来填补板块之间的裂缝，从而形成新的土地。当板块和板块相互撞击的时候，会有什么样的情况发生呢?

当板块快要相互碰撞的时候，它们并不懂得如何错开或避让，而是会一直沿着自己的路线继续运动。板块和板块的相互撞击，就像是一场角逐力量的比赛。在两块相撞的板块中，一定会有一方的力量更大一些。因此，在这场比赛中输掉的板块的其中一部分土地，就会被挤到胜利的板块的下方，一直被挤到地球的中心部分，被那里灼热的温度熔解，从而在地球上彻底消失。

如果板块的某些地方含有的水分比较多，那这些地方就更容易被熔解掉，这样便会形成岩浆。岩浆存在于地球内部，温度高且质地黏稠。岩浆会不断地涌向地表，并喷发而出，人们便称这种现象为火山爆发。

火山爆发后，岩浆的量就会减少。喷出地表的岩浆冷却后会形成新的山脉。南美洲狭长高耸的安第斯山脉就是这样产生的。这是因为南极洲板块（准确地说应该是纳斯卡板块，但后来这个板块消失了，因此我们把纳斯卡板块和科克斯板块算成南极板块的组成部

大地不断弯曲、断裂

当板块和板块相互撞击引起火山爆发和地震的时候，大地的模样也会发生巨大的变化。大地会像泡了水的地板革一样，变得扭曲，并产生褶皱。有的地方还会像被刀子砍断一样，上下错开或者向侧面挤压后扭曲变形。

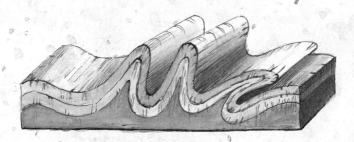

褶皱：土地受到来自侧面的压力，会扭曲成各种各样的形状。

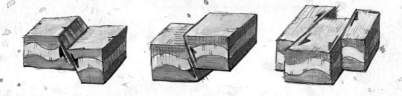

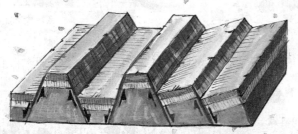

断层：土地受到来自侧面的压力，或受到拉力发生断裂，并沿着断裂面形成错落的形态。

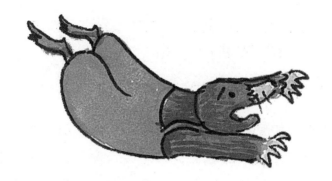

分）和东太平洋板块相互撞击之后，东太平洋板块的一部分下沉到南美洲板块的下方，之后熔解变成岩浆，并从南美洲大陆上喷发而出，经过无数次火山爆发，最后形成了安第斯山脉。

在角力比赛中输掉的板块就会被挤到胜利的板块的下方。那么，在角力比赛中取得胜利的板块又会发生什么事情呢？位于上方的板块也不是不受丝毫影响的。在角力比赛中，胜利的板块由于被下沉的板块抬起，因此也会发生巨大的震动，甚至被撞碎。这样一来，便会引起地震。

板块在进行角力游戏的时候，也有可能发生两个板块不分胜负的情况。当两个板块中没有任何一块会下沉，这时大地就会被挤压，导致扭曲变形。大地经过挤压就会形成巨大的山脉。在很早以前，现在的喜马拉雅山脉的广大地区还是一片汪洋大海，称古地中海。但是，由于印度板块不断向亚洲所在的板块方向移动，在大约3000万年前，它们终于相撞到了一起。在这两个板块相撞的过程中并没有分出胜负，于是，在逐渐挤压之下板块越变越厚，最终形成了巨大的喜马拉雅山山脉。

直至今天，印度板块和亚欧板块还在不断地相互挤压。而喜马拉雅山的高度，也在一点一点不断地增加。但是，由于受到侵蚀等外界作用，所以增高的速度不易被人们察觉。

板块为什么在移动？

　　板块的体积是非常大的。那么，为什么这些巨大的板块会不断地运动，不停地分离和相互撞击呢？到底是什么样的力量，能够操控这些巨大的板块，让它们运动呢？虽然魏格纳无法解释其中的原因，但是，今天的科学家们已经解开了这个秘密。

　　导致板块运动的原因是因为地球的内部像一个巨大的熔炉一样炙热。当然，平时踩在我们脚下的土地，我们是无法感到它的热量的。我们从来没有看到过脚下的土地因为温度高而冒泡或翻滚。不过，地球的中心部分温度却相当高。如果我们去泡温泉的话，就会因为温泉的高温而浑身冒汗。这是由于温泉是从地底涌出来的，具有很高的温度。越接近地球中心的地方，温度就会越高。那么，到底地球中心的温度会有多高呢？想象一下吧，地球中心的温度足以融化坚硬的石头，可见它的温度有多么高！

　　由于板块的下方温度十分高，所以板块的下方就会变软。一些被溶解的石头便像海水一样，在地底分布得十分广泛。我们在煮汤的时候可以看到，如果把汤锅放在火炉上，就会从锅底下冒出气泡。

气泡不断地涌到汤的表面，然后再向四周扩散开来。等到汤冷却以后，气泡就会沉回底部。地幔（地球内介于地壳和地核之前的部分）物质的运动也是如此，它们涌上来之后会向着四周扩散，等到冷却后再重新下沉。

构成地幔的物质温度都很高，而且不断地运动，包围着整个地球。地幔的厚度大概有2900千米。不过，地幔物质并不像凝固的猪油那样软，并且，虽然它们是呈类似于溶液的状态，并不断流动着，但是它们流动的速度是十分缓慢的。

地幔物质的流动其实就像是玻璃的流动一样。大家一定认为，玻璃是固体，怎么会流动呢？玻璃虽然属于固体，却是在不停地流动。如果我们仔细观察一栋上了年头的建筑物，就会发现，这栋建筑物上的玻璃的下侧要比上侧更厚一些，这便是由于重力的缘故，组成玻璃的物质分子向下流动造成的。

在地球中熔解的石头也像这样不断运动，但是，由于它运动的速度十分缓慢，所以用肉眼是无法察觉的。但是，经历了100万年、1000万年、1亿年……之后，尘土也能变成石头，因此，不管是多么缓慢的移动速度，在地球漫长的生命历史里，都能移动相当遥远的距离。正是由于这样的运动，才导致了板块的运动，而我们正是生活在这样运动的板块之上。

魏格纳在世的时候还不了解有关板块的理论。他认为，大陆就像是一艘巨大的船一样漂浮在海面上，并且不断运动，而事实却并非像他想象的那样。我们脚踩的大地一直延伸到海底，并且在不断地运动，这就是我们说的板块。地幔中炙热的物质不断运动，在这个过程中，板块就会随着这些物质的流动而发生运动。

让我们再来看一下恐龙时代的世界地图吧！其实，世界地图的样子每天都在不断变化着，从地球产生那天开始，一直到现在都没有完全相同的两个时刻。因此，恐龙时代也不例外。大地聚集在一起，之后又会分开，分开后又会重新聚集在一起……

在距今约3亿年前，原始大陆板块是地球上唯一一块巨大的板块，被称为"泛大陆"，也就是指"所有的大陆"。这块巨大的陆地被一片面积更大的海洋紧紧包围着。

那么，3亿年以前的世界又是什么样子呢？科学家们认为，在原始板块之前还有更早的原始板块，在那之前还有更早的原始板块……因此，在未来我们现在看到的大陆的样子也将发生改变。

经过研究，地质学家们得出结论：今后亚洲大陆会不断地向东侧移动，而澳大利亚所在大陆将靠近亚洲大陆；太平洋会逐渐变窄，而大西洋则会逐渐变宽。如果再过3亿年，亚欧板块和非洲、美洲、南极及澳大利亚都会消失，连成一片巨大的原始大陆。原本分离的世界又将会聚集在一起，形成一个新的原始大陆。到时候，韩国将不会临近大海，而位于一片原始大陆的中央。

人们总喜欢形容大地和天空是永恒不变的。不过，人们的比喻却不是事实。大地不断改变着形态，运动、撞击、消失……板块和板块撞击的时候就像角力游戏一样，会引起火山爆发和地震，造成大地挤压变形，形成高耸的山脉。如果地球只是由坚硬的石头组成的，那么地球内部的地幔就不会有物质流动，也就不会有板块的运动。这样一来，地球上也就不会出现山脉。

根据目前的科学探测，在太阳系的其他行星上就没有形成任何山脉。那是因为这些行星内部没有流动的物质。即便这些行星内部存在可以流动的物质，由于它们的表面过于坚硬，所以板块也无法陷入这些行星的内部。而在地球上，因为存在着海洋，就可以使板块变软，能够让板块陷入地球内部。

正是因为地球内部的温度极高，高到能够熔化石头，我们生活的土地才会一刻不停地发生着各种各样的变化——大地开裂、撞击、消失，火山爆发、地震……整个地球变得热闹非凡。

7

火山造就岩石

　　曾经有这样一位老师，每逢 1 月 12 日，他就会向学生们讲述有关火山的故事。这位老师居住在一个岛上，这座岛上有一座巨大的火山，在 1914 年 1 月 12 日，这座火山爆发了。因此，之后每年的 1 月 12 日，老师都会讲起有关火山爆发的故事。

　　老师告诉孩子们，这座火山的名字叫做樱岛火山，它喷发的熔岩流入大海，将这个小岛和大陆连在了一起。山里的老鼠和蛇在火山爆发前几天就逃走了，火山爆发时会伴随着剧烈的地震，仿佛恼怒的大地在喷火一般，大山会在火山爆发的时候变成碎片……每当听到这个火山爆发的故事时，孩子们都是既觉得新奇又感到害怕。

　　孩子们听过故事后走在回家路上时，心里都会对这座远远就可以看到的火山充满尊敬和畏惧的心理。在这些孩子之中，有一个孩子长大后成了非常有名的地质学家。他成为地质学家后，一直在致力于研究非洲的地质情况。

　　老师在讲完有关火山故事的时候还告诉孩子们，火山爆发之后，就会产生新的石头！孩子们听了都感到不可思议。可怕的火山和坚硬的石头之间，究竟存在着什么样的关系呢？火山爆发以后，为什么会产生新的石头呢？难道说火山是石头的妈妈吗？老实回答说，我们的确可以这样比喻！不过，在当时这位老师所掌握地质学知识，还不如今天的地质学家们掌握的得丰富。不过，老师将自己所知道的一切地质学知识，都毫无保留地传授给了孩子们。

火山爆发真的会生出石头来吗？我想，大家应该已经了解了火山爆发的原因。由于板块移动，会形成相互分离、撞击、下沉等情况。这时候，地下就会产生炙热的岩浆。岩浆突破地面，喷发而出的时候，就会发生火山爆发。我认识的一个孩子说，所谓火山就是发火的大山。虽然这只是一个比喻，但是我们可以看到，在火山爆发的时候，会喷发出炙热的熔岩和火山气体，还真有点儿像大地发怒了一样。

在火山内部，存在着大量炙热的岩浆以及蒸汽、石块、晶屑等物质。岩浆是地幔中高温且黏稠的熔融物质。火山爆发就是炙热的岩浆伴随着蒸汽、石块和晶屑等，一起喷涌而出。这些气体就会和水蒸气一起，散发到空气当中，也就是说，当岩浆喷出地表之后，就被称做熔岩了。熔岩会流向四面八方，它流经的地方大地就会像被熔化了一般。

地球产生至今曾经发生过无数次火山爆发，除了陆地上以外，海洋里也会发生火山爆发。每当火山爆发的时候，火山就会喷发出熔岩，这些熔岩冷却后就会在陆地和海洋中形成新的石头。

在火山爆发所产生的岩石当中，玄武岩是最常见的，即使是不喜欢学科学的人们也都知道玄武岩的名字。玄武岩是岩浆冲破地表后冷却形成的岩石，一般为黑色，里面含有大量的硅、铝、铁和镁等元素。

玄武是生活在很久以前一种传说中的动物，它的尾巴和头部都很像蛇，而身体则像乌龟一样背着巨大的壳。后来，人们为火山爆发所产生的巨大岩石命名的时候，就想起了这种黑色的、神秘的传说中的动物，于是便将这些石头命名为玄武岩。

如果我们来到印度就会看到由巨大的玄武岩组成的土地，这个地方是位于印度大陆中心部分高耸出地面的德干高原，它是全世界的地质学家们都想亲自去考察的一个地方。德干高原和一般的山丘不一样，它虽然高出地面，却不是山地，而是一片一望无际的平坦地面。德干高原的总面积比整个韩国还要大。德干高原是世界上最广阔的由玄武岩组成的土地。在大约6600万年前，这里曾经发生过巨大的火山爆发，喷发出大量熔岩。科学家们推测，当时的火山爆发十分剧烈，甚至在月球都能够清晰地用肉眼观察到火山爆发的情景。让我们来想象一下，如果当时我们住在月球上，就能够看到地球上好像有一条由火构成的大河，河水不停地涌出地面，整个地球都被笼罩在一片黑烟当中。

地质学家们为了亲眼见证这雄伟的玄武岩高原，纷纷来到德干高原进行考察。他们下车的时候会看到很多孩子一边高兴地叫着一边捡着周围一些漂亮的小石头。在玄武岩中，有一些从地底带出的漂亮石头。这些石头有的是粉红色，有的是草绿色……看起来像宝石一样美丽。细心的地质学家在仔细观察这些石头以后，便从孩子们手里把它们买了下来。

在岩浆形成的土地中，埋藏着坚硬的花岗岩

岩浆从地底喷出地表，形成了剧烈的火山爆发。不过，在某些地方，岩浆没有冲破大地喷涌而出，而是在大地里面逐渐冷却，变成了坚硬的石头。

岩浆在大地里经过几年几十年、甚至是几百年的时间，逐渐冷却凝固成石头。像这样，岩浆在土地中逐渐冷却形成的石头，我们把它们叫作花岗岩。

如果我们仔细观察花岗岩就会发现，在花岗岩中有很多大小不一的岩石颗粒，我们将这些岩石颗粒称作结晶。结晶是在岩浆冷却的过程中各种元素按照一定的排列顺序聚集在一起形成的。结晶在岩石中会逐渐变大，如果不受到外界的压力，并且经过充足的时间，就会变成我们肉眼也能看得到的非常美丽的结晶（同学们学校里也可以自己动手用食盐水和硫酸铜溶液来制造结晶）。如果岩浆涌出地面时遇到温度低的空气，在瞬间便冷却下来，那么形成的结晶体积就会非常小；相反，如果岩浆在地底冷却形成花岗岩，这些结晶的体积就可以被肉眼看到，而且样子十分美丽。

我们将像花岗岩和玄武岩一样的由岩浆冷却后形成的岩石叫做火成岩。从字面上我们可以看到，火成岩是指从高温的火里产生的岩石，火成岩正是由地球内部火热的岩浆造就而成的。在韩国也有很多火成岩，例如济州岛、白头山、郁陵岛上就有很多玄武岩；而雪岳山、北汉山和俗离山的岩壁则是由花岗岩组成的。

既然说花岗岩是地底的岩浆冷却后形成的岩石，那么，为什么它们又会出现在地面上呢？在漫长的时间里，地球不断地运动着，平坦的土地会隆起变成山脉，花岗岩就是随着地面一起隆起，最后在山上被人们发现的。大多数的花岗岩都是被埋在土地或石头里的，但是，如果它们随着地面隆起变成了高高的山脉，总有一天山脉的表层会由于风雨的侵蚀而脱落，这样一来，花岗岩就会暴露在耀眼的阳光下。

暴露在外面的花岗岩由于质地十分坚硬，所以不容易被风雨侵蚀，于是人们就会利用坚硬的花岗岩来修建房屋和大桥。用花岗岩修建的建筑，即使过了几百年也依旧非常坚固。

在很久以前，中国有一个叫做花岗的地方，这里出产的石头非常有名，在每块石头上都有像米粒一样的颗粒，这种石头和其他石头相比质地更加坚硬，特别适合用来修城墙和造塔。渐渐地这种石头越来越有名，人们纷纷到花岗村去买这种石头。于是，人们便用花岗村

各种各样的岩石

 火成岩   沉积岩   变质岩

花岗岩

在地底由岩浆冷却形成。
用途：建造塔、石碑等。

泥岩

由泥土沉积形成。
用途：用于制砖瓦、制陶等。

板岩

由泥岩变质而成，有天然的纹路和色彩。
用途：建筑材料、装饰材料。

玄武岩

由熔岩凝固形成。
用途：用于铸钢工艺、装饰等。

砂岩

由砂粒沉积形成。
用途：玻璃原料、建筑材料。

片麻岩

由泥岩变质而成，有纹路。
用途：建筑材料、铺路原料。

浮石

熔岩在瞬间冷却后形成的岩石，表面有很多小孔，可以浮在水面。
用途：研磨剂。

石灰岩

由贝壳沉积而成。
用途：制造粉笔、水泥等。

大理石

由石灰岩变质而成。
用途：雕刻、装饰材料。

的名字来命名这种石头，将其称为花岗岩。

不过，即使是再坚固的花岗岩，经过了漫长的岁月也会被雨水、雪和风侵蚀。雨水会一点一点地腐蚀花岗岩（空气中的二氧化碳溶解在雨水中，形成碳酸。碳酸会一点一点地腐蚀岩石），树根和虫子也会让花岗岩产生空洞和缝隙，水滴渗入这些空洞和缝隙，也会逐渐地腐蚀花岗岩。

 ## 火成岩变成沉积岩，沉积岩变成变质岩

不管是玄武岩还是花岗岩，总有一天会因为风雨的侵蚀以及植物根部的破坏变成碎块。玄武岩和花岗岩被粉碎之后，会随着江河流入大海。它们沉入大海之后，经过长时间的沉积又会形成沉积岩。

沉积岩静静地躺在大海的深处，一层沉积岩上会出现另一层沉积岩，新的沉积岩上还会出现更新的沉积岩……它们就这样不断地沉积，在海底会度过数千万年的时间。但是，总有一天平静的海底会发生巨大的变化，海底地震使大地不断震动、断裂、塌陷，巨大的压力使温度不断升高，沉积岩的温度也会随着不断地上升。在这种剧烈的变化之下，沉积岩的形态会发生彻底地改变。在巨大的压力之下，原本光滑的表面会向四周形成各种花纹，颜色也会有一定的差异。

随着温度和压力的增高，即使是再坚硬的石头也会承受不了，导致形态和颜色、性质发生改变。我们把沉积岩和火成岩发生变化，导致颜色、性质和外形都发生改变后形成了全新种类的石头称为变质岩。

变质岩也不是永远存在不变的，由于地震等自然现象带来的环境的变化，变质岩也会重新沉入地底。当温度和压力变得非常大（比沉积岩变成变质岩的时候更大），变质岩就会熔化成岩浆。它原本的形态就会完全消失，变成流动的、炙热的岩浆。而这些岩浆总有一天

会冲出地表，或者在地底冷却下来，这样就会形成新的火成岩。

地球上的石头就是按照这样的规律不断地循环着。科学家们认为，地球上的所有石头都是按照这样的规律产生的。地球上的所有石头必定属于火成岩、沉积岩或变质岩中的一种。如果是岩浆或熔岩冷却后形成的岩石就属于火成岩；石子、泥土、贝壳等沉积成的岩石便是沉积岩；而火成岩或沉积岩在地底经过压力和高温的变化后形成的便是变质岩。

无论是沉积岩、火成岩还是变质岩都会发生改变。当地球上的板块相互撞击、风雨侵蚀岩石，或是河水将岩石颗粒带入大海的时候……这些情况都会使它们发生改变。在这样的过程中，火成岩变成了沉积岩和变质岩，而变质岩又变成了火成岩，沉积岩也会变成

变质岩。

如果有一天你因为心情不好，随便踢飞了一块脚下的石头，那么，这块石头一定是今天我们学到的沉积岩、火成岩和变质岩中的一种。

让我们来想象一下这块石头的漫长旅程吧！很早很早以前，在炎热的地球中心，岩浆喷出地面遇到冷空气，冷却后变成了火成岩。这块火成岩不仅被恐龙踩过，而且还有无数的蚂蚁和虫子从上面爬过。有一天，原始人又用这块火成岩做成了斧子。等到原始人死去以后，这块火成岩被风雨和空气侵蚀，变成小块随着河水流进了大海里。它和从其他地方来的小石头一起长时间沉积在海底，久而久之便成了一块沉积岩。而当发生地震的时候，它又随着地底隆起重新回到了地面。之后，雨水又将它所在的岩石表面慢慢腐蚀掉，这块沉积岩又直接暴露在了空气当中。有一天，一位石匠用锤子将它凿成小块，然后搬运到城市里。这些石块被运到学校，用来铺设学校的道路，于是，这块石头便来到了你脚下。

矿物和岩石

在地壳当中存在着各种各样的矿物质。金、银、铂金、铁、铜、铝、镍等金属元素，还有钻石、红宝石、水晶等在自然中产生的宝石。

自然界中的各种元素聚集在一起，形成了坚硬的固体，我们将其称为矿物。盐、石英、石膏、云母、长石、方解石等，都是由两种以上元素，经过高温和高压后形成的矿石。

长石

白云母

石英

岩盐

方解石

石膏

角闪石

地球中炙热的岩浆在冷却的过程中，会和各种元素相结合形成矿石。构成矿石的元素按照固定的规律形成结晶的模样。

石英

黄铁石

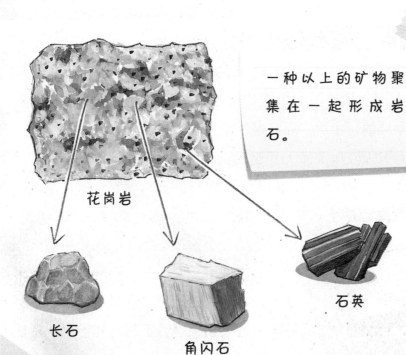

一种以上的矿物聚集在一起形成岩石。

花岗岩

长石

角闪石

石英

很久以前，韩国的土地上发生了什么事？

在韩国境内，火成岩和变质岩的数量要比沉积岩多，这是因为在很久很久以前，韩国的土地上曾经发生了巨大的地质变化。在那个时候，土地因被挤压折断，不断破碎下沉，而后引起了火山爆发，岩浆肆意横流，山脉不断隆起……在这个过程中，沉积岩变成了变质岩，变质岩又变成了火成岩，因此很难再找到沉积岩的影子。那么，在那时候韩国为什么会发生这样巨大的变化呢？

韩国境内的土地历史十分悠久。在韩国，历史最悠久的岩石要数在京畿道地区发现的片麻岩，它们的年龄已经超过了 29 亿岁。片麻岩属于变质岩，它是由沉积岩或火成岩变化而来的。因此，成为变质岩的岩石，在这之前都曾经是沉积岩或火成岩。所以地质学家们相信，韩国这片土地的历史至少超过了 29 亿年。

在距今大约 3 亿年前的古生代时期，韩国所在的陆地位于气候温暖的赤道海域的正中央。而在遥远的南方海域，则分布着非洲大陆、南美大陆、南极大陆以及澳大利亚大陆（那么，现在我们的家、学校和附近的山峰存在的位置，在那个时候应该是什么呢？没错！那时候这一切都不存在，只有一片汪洋大海而已）。在很长的一段时间里，韩国所在的陆地都淹没在大海的深处。小石子、沙子、泥土不断沉积在一起，贝壳和其他生物的尸体也不断沉积在一起，这样一来，就形成了一层又一层的沉积岩。在我们生活的土地上，曾经有三叶虫、贝壳和鱼类生活过。如果去自然历史博物馆或者化石博物馆参观，就能够看到生活在那个时期的三叶虫、贝壳和鱼类的化石。

不过，现在它们已经不能自由自在地在大海里遨游，也不能悠闲地在海底爬行了，而是变成了化石，静静地躺在那里。

在那之后，韩国的土地不断向海面升起，最后形成了陆地。最初，这里的陆地低矮而平坦，陆地上遍布着茂密的草木和森林。当这些树木死去之后被埋葬在地底，经过了漫长的岁月，最后形成了煤炭。因此，现在我们能从地底挖掘这些煤炭，并将它们用在各个领域，可以用它们来生火、做饭做菜，还可以在壁炉里点燃它们来温暖房间。

　　2亿5000万年前，原始大陆发生了巨大的变化，最初的原始板块逐渐开始分裂，各个板块开始自己移动。韩国所在的土地也从巨大的陆地上分裂下来。虽然我们不能准确地知道当时到底发生了什么事情，但是从那时候开始，地壳开始裂开，进入了全新的板块移动时期。当时，韩国所在的土地以每年几厘米的速度不断缓慢地运动着。到了侏罗纪时期，它与古代的亚欧洲大陆相遇，并连成了一体。从此以后，韩国的土地就一直存在于现在的位置，直到今天。

　　大约1亿5000万年前，侏罗纪即将结束的时候，陆地上又发生了巨大的变化。大地发生断裂，有的地方下沉到地底，有的地方隆起形成山脉，有的地方发生了扭曲，形成褶皱。因此，韩国的土地上形成了最早的山脉。被称做"韩国的脊柱"的太白山，就是在那时候出现的。

　　炙热的岩浆涌出地面，在大地上流动，地下不断发出咕噜咕噜的声音。我们都知道，在火山爆发的时候，除了会产生大量的熔岩以外，伴随岩浆喷出地表的还有很多气体。当时陆地上不断有火山在爆发，今天这里的火山爆发刚刚结束，明天那里又有新的火山爆发了。大地不断塌陷，岩浆肆意横流，有毒的气体到处弥漫，巨大的火山云笼罩着整个天空。当时在陆地上繁衍生息的恐龙无法适应这样恶劣的气候，在这样的环境下，恐龙几乎要变成烤肉了，渐渐面临着死亡的威胁。

　　这场巨大的变迁至今都是有迹可循的。在庆尚北道的金城山，青松的周王山，大邱、庆尚南道的密阳、巨济、忠武，全罗南道的女宿、海南、高兴、长兴、木浦、光州的山上，都可以找到火山口的痕迹。

长白山也是由于火山爆发形成的。在很久很久以前，白头山只不过是一座小小的山丘。在距今约55万年前，这座一直以来都安安静静的小山丘突然发生了剧烈的火山爆发。炙热的熔岩和气体喷向天空，形成了巨大高耸的山脉，而在山顶部分则出现了喷火口。在1200年前，白头山发生了迄今为止最后一次巨大的火山爆发，之后又出现了很多次小规模的爆发。直到今天，白头山的火山口还张着巨大的嘴巴，虽然现在火山口被湖水掩盖着，但是谁都不知道也许什么时候白头山还会爆发。熔岩有可能从火山口喷发而出，也有可能从白头山的半山腰喷发而出。如今白头山上设立了火山爆发观测站，科学家们预计，在未来的50年内白头山很可能再次爆发。

很久以前，在韩国的北侧尽头、南侧尽头和东侧尽头，到处遍布着火山。在韩国南部蔚蓝的海域中发生了剧烈的火山爆发，形成一个面积巨大的岛屿，这就是济州岛。

济州岛上发生过数次火山爆发，形成了韩国第二高的山脉——汉拿山。而在韩国东侧的海底深处，也发生过火山爆发，海底喷发出的熔岩形成了岛屿，这便是郁陵岛和独岛。因此，济州岛、郁陵岛和

独岛，都是由火山爆发而形成的。

韩国居然有这么多火山！没错！在韩国境内的各个地方，都曾经发生过不计其数的火山爆发。那时候大地上究竟发生了什么事情呢，我们不妨来问一问移动的板块。

韩国属于亚欧板块的一部分，亚欧板块和旁边的太平洋板块不断地发生碰撞，在亚欧板块和太平洋板块的角力游戏中，最终失败的太平洋板块的一部分沉到了亚欧板块的下方，在此过程中发生了剧烈的摩擦，引起了地震和火山爆发。在中生代，韩国位于亚欧板块的边缘位置，因此太平洋板块便斜着沉到韩国土地的下方。所以，韩国境内会频繁地发生火山爆发和地震。

当中生代结束、新生代来临的时候，火山的多发地带开始向侧面移动。截至中生代，韩国国土和日本国土都是连在一起的。但是，随着新生代时期火山的大规模爆发，韩国和日本所在的陆地逐渐横向裂开，形成两块独立的陆地。两块陆地之间形成了新的海洋，这便是东海。日本被推到了亚欧板块的边缘地带，太平洋板块便陷入了日本国土的下方。从那以后，日本国土境内便开始频繁发生火山爆发和地震。

8

激烈翻滚的地球内部

地球的中心究竟有什么东西呢？地球的内部究竟是什么样子的呢？如果我们用铲子挖土，会看到泥土、小石子和坚硬的石头。那么，如果不停地挖地，我们看到的东西，会一直是泥土、小石子和坚硬的石头吗？从很久很久以前开始，人们对地球的内部就非常感兴趣。不过，直到100多年前，人们对地球内部的认识，还都停留在推测的阶段。即使是学识丰富的学者，对地球内部的了解都还不如开采煤炭的矿工知道得多。人们为了了解地球的构造，挖开地面想要进入地底。可是，当它们遇到坚硬的石头以后，便束手无策，不知道该如何继续下去了。

在距今约一二百年前，人们对地球内部的好奇达到了顶峰，那时的人们觉得自己已经掌握了很多地球内部的知识，不过实际上，那时人们所掌握的知识并不确切。

大约在130年前，有一位叫做儒勒·凡尔纳的作家，写了一本名叫《地心游记》的小说。

这位作家写了很多神奇的游记。在故事中，勇敢的主人公乘坐

潜水艇在大海中遨游，或者乘坐热气球升上天空，甚至乘坐炮弹跑到宇宙去旅行。还有孩子们独自坐着小船到无人岛去旅行……如果你喜欢他的作品，相信你一定是个十分喜欢冒险的孩子！

在儒勒·凡尔纳的想象中，地底下应该还存在着另一片土地。他在小说里，描绘了地底的世界，在那里有一个巨大的洞窟，洞窟里既有悬崖和江河，也有波涛汹涌的海洋，还有闪光的云彩和天空……这便是小说《地心游记》中的内容。

《地心游记》的主人公一位是勇敢而又有怪脾气的教授，还有一位是教授的侄子。侄子对叔叔的工作虽然总是抱怨不停，但是对叔叔却充满了尊敬和爱戴。另外还有一位可以面对一切困难的力大无穷又讲义气的男子汉，他们一起从火山口进入了地球中央，展开了探索地球心脏的奇妙之旅。

那么，现实生活中勇敢的探险家们，真的能够像《地心游记》中的主人公那样，进入地球内部进行探险吗？我也希望人类有朝一日能够完成这个冒险。不过，事实上想做到这些却不是容易的事情。现代的科学家和工程师们绞尽脑汁，运用自己的知识和智慧，曾经尝试在地底钻一个很深的孔，但是过程十分艰难。有的科学家还提出了十分荒唐的计划，想在底下修建150层的楼。但是，这件事情就像是用筷子在柏油路上钻地一样困难。20世纪70年代，科学家们再次和工程师联手合作，经过了极大的努力，在地下钻了一个深达12262米的深孔（当然，没有人能够从这个深孔进入地底）。这个实验历时19年，科学家们最终放弃了这个计划。他们开始意识到，与其想要到地下旅行，还不如进入宇宙，探索如何到火星旅行，似乎更有可能实现。

但是，有一位科学家却始终无法放弃自己的这个梦想。有一天，他在吃饭的时候，看着桌子上的豆腐，忽然产生了这样的想法。如果在豆腐上放一个铁球，会发生什么样的情况呢？豆腐会因为无法承受铁球的重量，导致铁球陷入豆腐里。那么，如果制造一个重量非常大

的铁球放在地上，铁球会不会陷入地球内部呢？

科学家们根据地球的硬度（地球虽然不像豆腐那么软，但也不像钻石那样坚硬）进行计算。根据计算他们发现，如果制造一个直径为20公里的铁球，铁球就会陷入地球内部。不过，直径达到20公里的铁球，体积几乎要和一个小城市一样大。如果真的有这么大一个铁球，它就会受到地球重力的影响，向着地心运动。

用这个方法，既不需要建造巨大的铁皮探险船，也不需要费力地在地上钻孔，就可以进入地球内部。那么，如果真有这样的铁球，需要经过多长时间才能够到达地心呢？科学家们又进行了计算，结果发现，需要经过100年左右。

当然，截至今天，人类仍然没有造出这样的铁球。因为在制造这个铁球的过程中，没有任何一种东西，能够承受铁球巨大的重量。即使人们找到了承受它重量的工具，那么把它放到地球上以后，留下的巨大的坑，又应该如何处理呢？铁球需要100年左右才能进入地球内部，而且一去不返。那么，谁又来负责填满这个大坑呢？所以，这些都只是科学家头脑中进行的想象，是根本不可能实现的！

想要到地球内部探险，着实是一件困难的事情！但是，科学家们为了了解地球内部的构造，还是不停地进行着各种尝试。为什么科学家们如此看重地球内部呢？让我们一起来解开这个秘密吧！

第一个理由便是出于人类的好奇心！人类一旦产生了好奇心，是很难忍住置之不顾的。人类从很早以前便开始在土地上耕种，在土地上建房子，从土地中挖掘铜、铁等矿石。从那个时候开始，人们便产生了巨大的好奇心，他们都想知道，如果继续挖下去，到底会出现什么东西呢？

不过，和这个理由相比，还有一个更加重要的原因。只有了解地球内部的秘密，才能解开很多有关地球的谜题。你如果生了病，去医院看病的时候，医生会用听诊器听听你身体内部的声音；如果你张开嘴笑，可能是因为有什么高兴的事情发生，而嘴巴绝不会无缘无故地自己张开；你流眼泪也可能是因为遇到了伤心的事情，如果一个人没有遇到伤心的事情，没有感到孤独，没有伤痛，或者没有听到乐得肚子痛的笑话，他是不可能流出眼泪的。那么，高高的山峰是如何产生的？石头又是如何出现的？为什么大地会震动？为什么会发生火山爆发？地球上发生的一切，一定和地球内部有关，否则是不可能自己出现的。因此，科学家们才希望能够解开有关地球内部的秘密。

 ## 如何了解地球中的秘密？

地球的中心部分温度非常高，每向地心深入100米，温度就会上升大约3℃。地心中央的温度约为6000℃。地球中的放射性元素不断地在发生反应，并随之释放出大量的热能。

除了放射性元素在发生反应时释放出的大量热能，地球内部本身也具有极大的热量。在地球产生的时候，各种石头和矿物质以及各种元素在重力的影响下压缩在一起，产生了巨大的热能，让地球变得炎热起来。

地球中央的压力也非常非常大。越接近地心，压力就会变得越大。我们生活的环境是1个大气压，在1个大气压下，我们是感受不到空气对我们的压力的。但是，如果我们进入水中，就会立刻感到胸口发闷。这是因为水对我们产生的压力要比空气大得多。而越接近地心，压力就会增大100倍、10万倍、100万倍……大到非常可怕的地步。地心中央的压力要比地球表面的压力大300万倍。如果我们进入地心，就会被这样巨大的压力压得粉碎。

地球中央的热度和压力是人类所不能承受的。但是，科学家们仍旧通过研究，知道了地球中到底存在什么物质，知道了地心的温度和压力，知道了地球的组成成分……人们既不能到地球内部探险，又不能把地球抛开观察。那么，科学家们是如何解开这些秘密的呢？

在19世纪末，科学家们发现地球内部的运动和地震的产生有直接的作用关系。在此之前，人们一直认为，地震只不过是可怕的巨大灾难。可是，后来，由于地震的发生，科学家们意外地通过它了解到

了地球内部到底有什么物质。就好像卖西瓜的老板，即使不把西瓜敲开，只需要在外面敲敲西瓜皮，就能判断西瓜是不是熟透了一样。

当地震产生的时候，地球受到冲击，开始不住地晃动。冲击地球的能量变成波，不断地向四周扩散。

科学家们将这种波称为地震波。例如我们向池塘里扔了石头，水波就会向四面八方扩散。同样的道理，发生地震的时候，地震波也会向四面八方扩散。地震波不仅能穿透石头和水，甚至还能穿透坚硬的铁块。地震波穿过大地，以非常快的速度向四周扩散。如果在首尔发生了地震，那么 15 分钟之后，在夏威夷就可以检测到地震波；25 分钟以后，地震波就可以到达在地球上位于首尔对面的乌拉圭。

在 20 世纪，世界各地都建立了观测地震的观测站。在地震观测站里，会备有观测地震波的地震仪。地震仪的结构非常简单，它的外形像一个箱子，在箱子的盖子上，用线拴着一个重重的铁质的悬锤，而悬锤下面连着一根铅笔，铅笔下面则是一卷用来记录的卷纸。

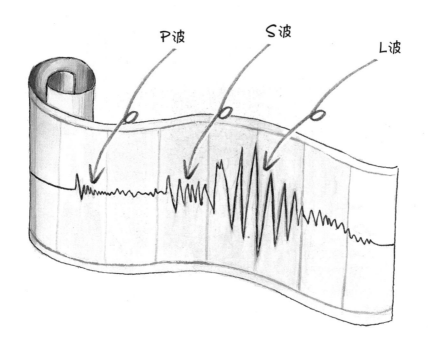

P波　　　　S波　　　　L波

　　这就是世界上最早的地震仪。现在我们使用的地震仪，也是运用了相同的原理。当地震发生的时候，大地就会发生震动，卷纸和悬垂也会随之发生震动。由于悬垂是被细线掉在空中的，所以它会因为惯性的作用想要停下来。当悬锤想要停下来，而卷纸不断震动的时候，悬锤上的铅笔就会在卷纸上画出像上图一样的曲线。

　　我们来观察一下上图中的卷纸。最左侧的曲线，是地震仪最早检测到的 P 波。P 波的速度非常快，当地震发生的时候，它会最早被地震仪检测到。第二位的地震波是 S 波，它的振幅比 P 波要大。而 L 波则是最后被地震仪检测到的地震波。L 波在三种波中，振幅是最大的。P 波可以通过固体、气体和液体等所有物质；S 波只能穿过固体；L 波无法进入地球内部，只能在地球表面传播。

　　科学家们用了几十年的时间，收集了几十万、数百万份地震波图，并对它们进行了细致的分析。最终，他们得出了地震波穿过金属和石头时的速度，也掌握了地震波会进入地球中央的哪些位置。

地球表面被坚硬的石头和沙土、泥土所覆盖，这就是我们所说的地壳。地壳下方则是地幔，地幔分为上地幔和下地幔，下地幔再向下则是地核。地核由像铁水一样的液体物质组成，地核也有两层，外层称为外核，再向中心部分则是内核。我们所生活的地球，就是由这样的结构组成的。

我们所掌握的地球知识，要比从前的人多出很多倍。但是，即使是现在的科学家，对地球的内部也并非了解得一清二楚。研究地球内部的地质科学家们，直到今天还在不停地通过各种实验，努力探索地球内部的奥秘。为了调查地球中的某些部位，科学家们需要对地震波进行仔细地研究，并且制造出人工地震，还会将地震仪设置在南北极，并对其进行观察。根据温度和压力的变化，科学家们需要进行大量枯燥的计算，从而得出大地内部石头的变化情况。他们为了能够在

进入地球内部！

地壳

像外壳一样包围在地球的外部，由坚硬的石头、泥土等组成。地壳中含有很多花岗岩和玄武岩。

地幔

由造岩物质构成，分为上地幔和下地幔，上地幔的上部存在一个软流层，一般认为这里可能是岩浆的主要发源地。继续向下，压力会变得更大，物质呈可塑性固态。

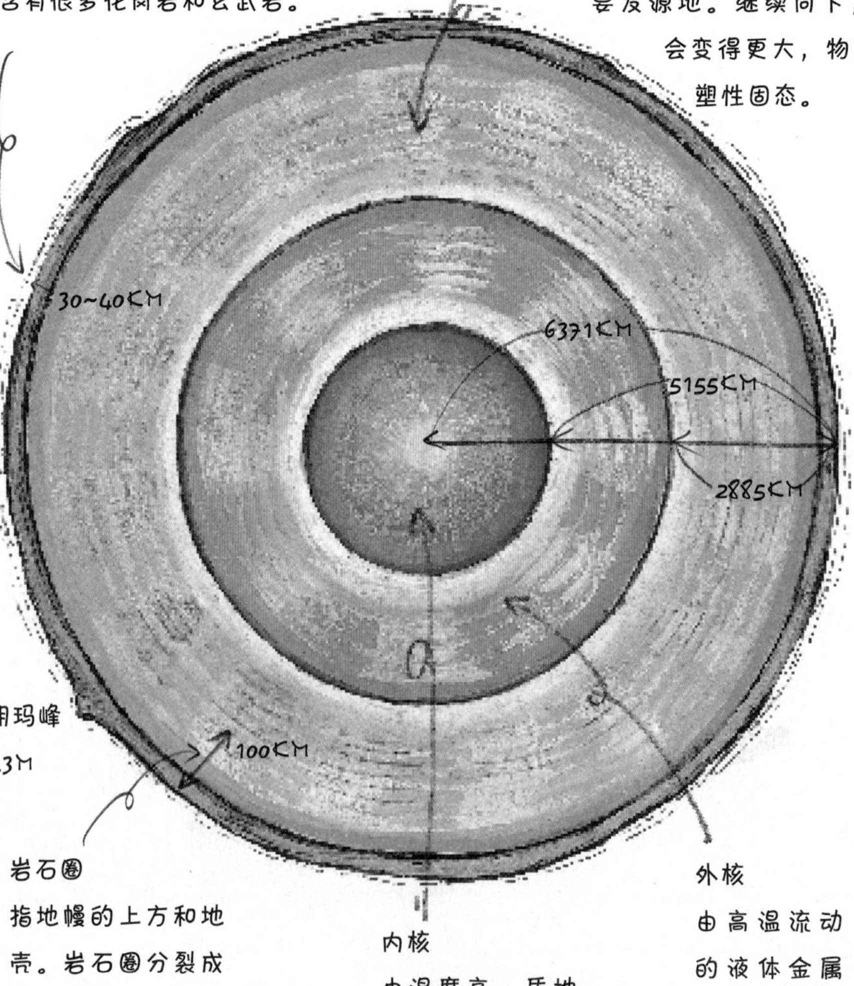

30~40KM

6371KM

5155KM

2885KM

珠穆朗玛峰
8844.43M

100KM

岩石圈
指地幔的上方和地壳。岩石圈分裂成各个板块。

内核
由温度高、质地坚硬的固体金属构成。

外核
由高温流动的液体金属构成。

实验室中模拟出地底发生的情形，付出了极大的努力。要知道，地底产生的巨大的热量和压力和厨房里的热量和压力完全不是一个概念！在厨房中，水到了100℃就会被煮沸，到了0℃就会开始结冰；砂糖可以溶解在水里，沙子不会溶解在水里……

但是，在地底世界情况就完全不相同了。科学家们为了模拟地底的情况，在钢铁制成的高压容器里加入石头和金属，加温后进行各种实验。他们将坚硬的钻石放进机器里，然后混合石头的碎块和金属颗粒，用机器制造出巨大的压力，然后观察粉碎的石头和金属的变化过程。虽然我们无法进入地底旅行，但通过这样的试验，是可以探索地底发生的事情的。无数的科学家们为了进行研究，奉献出自己一生的时间和精力。

9

天气是如何形成的

　　在宇宙和地球表面之间隔着一层厚厚的物质，如果我们站在地面向天空望去，会觉得天空是一望无际的。但只要我们来到离地面大约 1000 千米以外的地方，就会走到天空的尽头，在这里，我们会看到漫无边际的宇宙。

　　不知道大家是否读过《查理和巧克力工厂》或是《查理和玻璃电梯》的故事？故事中，威利·旺卡为善良的小主人公查理和他骨瘦如柴的爷爷造出了人间罕有的美味巧克力。他还可以乘坐透明的电梯，只需要 5 分钟的时间，就升到天空中去了。

　　那么，天空是由什么构成的呢？天空的组成成分有氮气、氧气、氩气、水蒸气、二氧化碳等若干种气体构成。它们被地球的引力所牵引，包围在地球的周围，我们把这些气体组成的层叫做大气层。大家是不是觉得我这么介绍起来，一点儿也没有意思呢？就算你们放大声音朗读出这些气体的名字，是不是仍然觉得提不起精神呢？

让我们来换一个比喻的方法吧！在很久以前，有一位科学家曾经将天空比喻成"空气的海洋"，我个人十分喜欢这个比喻。让我们将天空想象成空气的海洋吧！在这里，空气像海水一样不停地流动着，也像海水里一样，生活着各种各样的生物，还会发生各种各样有趣的现象。怎么样？现在你是否觉得，天空是一个非常不错的地方呢？当你仰望天空的时候，不妨用心去感受一下包围在你周围的空气吧！因为你也生活在这片空气的海洋当中！

我们在天空中会看到朵朵白云，天空里也会有风吹过，有雨和雪落下来，还会有台风和沙尘暴。由于天空中有空气存在，所以物体在天空中下落的速度，要比在真空状态中下落的速度要慢一些。如果在下雨的时候，没有空气对雨滴形成的阻力，雨滴下落的速度会非常地快。那样一来，落在我们周围的就不是雷阵雨，而变成暴风雨了。在天空中，我们还能够看到流星。流星是飞在宇宙中的小陨石，以极快的速度进入大气层和空气发生摩擦，在瞬间燃烧所产生的现象。如果天空中没有空气，我们就看不到美丽的流星，而只能看到宇宙中灰蒙蒙的陨石。相信那时候，再也没有人会对着这些陨石许下美好的愿望了吧。

 ## 我们的生活影响云彩的形成

不管是晴天还是阴天，我们总能看到天空中的云彩。即使是看不到云的日子，其实在山的对面和海的对面，天空里还是会有云彩的。

历史上曾经有一位非常喜爱云彩的药剂师。一般人们在小的时候都很喜欢云彩，但是长大以后，却常常忘记了云彩的存在。不过，这位药剂师却与众不同，他从小时候开始一直到成为老爷爷，都深爱着天上的云彩。他的名字叫路克·霍德华。在你们的教科书中，一定没有这个人的名字。不过，今天我们看到的这些美丽的云彩，最初就是由路克·霍德华命名的。

路克·霍德华最喜欢看着天上的云彩陷入思考。但是，在他小的时候，爸爸并不喜欢他这么做。路克·霍德华的父亲是一位辛勤工作的商人，他经常对路克·霍德华说："路克，多在生意上花点儿心思吧！只有辛勤工作的人，才能变成富有的人！"父亲是一位非常严格的人，他认为奢侈和懒惰是一个人一生中最大的敌人。所以，他认为路克·霍德华每天只顾看云彩，只不过是在浪费时间。于是，父亲把岁数不大的路克·霍德华送到药店去当学徒。

在药店里，路克·霍德华的工作十分忙碌。他需要不停地擦拭装药品的瓶子，整理杂乱的药柜，还要去采各种植物做成药丸。有的时候，甚至连说话的时间都没有。路克·霍德华就这样在父亲的安排下，在药店当了 6 年的帮工，直到他长大成人以后，才又有机会重新尽情地观察云彩。

在我小时候，在学校学习有关云彩的知识时，我根本就不知道历史上还有过一个叫做路克·霍德华的人。我喜欢把云彩叫做羊毛云、羽毛云、兔子云和棉花糖云……但是，在课本上学到的，却是卷云、积云、层云、卷层云等专业的术语。那个时候我就想，科学家们为什么要给云彩取这么复杂的名字呢？但是，现在我才明白，路克·霍德华给云彩取的名字，实际上更有利于人们区分和认识云彩的形状和性质。

路克·霍德华告诉我们，不管是多么复杂的云，都是从三种基本的形态开始变化的。卷云看起来像是头发或者羽毛一样，出现在非常寒冷的高空中，是由水蒸气直接凝结成的小冰晶组成的。积云是指堆积的云彩。积云的底部较平，而顶部则堆积在一起，呈凸起状。层云就像是一块薄薄的板子。它像薄板一样向四周平铺，在太阳西沉的时候，在地平线周围的天空中，我们经常能够看到层云。

生物学家们给数百数亿种动物、植物和昆虫，都分门别类地取了不同的名字。但是，路克·霍德华却把云彩的种类分成三大类，然后为这三大类云彩分别取了名字。这三种云彩会按照不同的形态混合在一起，从而形成全新的云彩。

有的科学家认为，云彩的形状时时刻刻千变万化，只用这几种名字为他们命名，感觉不够充分。有一些对路克·霍德华不满的学者，为了反对他的命名方法，在很长时间内想出了各种各样的对策。但是，直到今天，人们所使用的云彩的命名方式，基本上保留了路克·霍德华的命名，只在某些部分稍作修改而已。

路克·霍德华为人们明确地梳理了云彩形成的过程。云并不是随随便便在任何地方都会产生，也不是随随便便就会消失的。云彩的形成总是在遵循着大自然变化的规律。即使云彩的形态千变万化，但是都遵循着相同的产生原理。

那么，云到底是如何产生的呢？我们每天的生活，都会影响云的产生！你们大家在院子里泼水的时候，流汗的时候，玩水枪的时候……在这些过程中，你们的行为都在不知不觉中影响了云的产生。在你们玩儿水枪的时候，是否注意过衣服上的水印呢？衣服被水枪打湿以后，很快就会变干，水的痕迹就会消失不见了。那么，水真的消失不见了吗？其实，水并不是消失了，而是蒸发到其他地方去了。那么，这些蒸发的水到底去哪里了呢？

在水滴中，有无数的水分子，这些水分子不会老老实实地待着不动，而是随时处于运动的状态。其中一些水分子就会跑到空气当中去，这个过程就是我们刚才所说的蒸发。水分子蒸发的时候，会扩散到空气中的各个角落，不过我们用肉眼并不能看到这些现象。我们把蒸发到空气中的水分子称为水蒸气。水蒸气不断扩散到空气中，但是总有一天，它们会以新的形态，重新出现在我们眼前。它们会形成天上的各种云！

那么，肉眼看不见的水蒸气，为什么会变成天上的云呢？水蒸气分子随着温暖的空气一起升上天空。在温暖的空气中，水分子的运动速度会更快，而且很容易分散。不过，越远离地面，空气的含量就越少，而且温度也逐渐降低，此时，水分子在扩散过程中的温度也随之降低，变得越来越冷。变冷的水分子，运动的速度要比温暖的水分子运动的速度慢，而且运动的范围也会不断缩小。于是，水分子们就相互结合在一起，凝

结成水滴，如果这时空气中有灰尘或烟雾，那么水蒸气就更容易变成水滴。我们将水蒸气变成水滴的过程称为凝结。如果天空中的水滴数量不断增加，就会像烟雾一样呈现出白色。像这样，如同烟雾一般聚集在天上的水蒸气，就是我们所说的云。

空气中的水蒸气越多,云也就会越多。随着空气中水蒸气的增加，空气的湿度也会随之增加。当湿度不断增加的时候，云也就会越来越多，降雨的概率也会升高。

这时候，晾在外面的衣服变干的速度就会变慢，空气中也会很容易出现雾气。如果是夏天，湿度高的时候人体会更容易出汗，也会变得烦躁不安。在我们的房间里，虽然有很多水蒸气，但是这些水蒸气却不能变成云。这是因为空气中的水蒸气的量还不足以形成云。

当我们在浴室里洗澡的时候，会看到白色的水雾。浴池里不断升起水蒸气遇到冷空气后就会凝结成水滴。在地面附近也会形成类似的情形，我们称之为雾。在河边或湖边，如果夜晚的温度突然降低，水蒸气在上升的过程中，快速地重新凝结成水滴，就会形成雾。越是没有风的日子，雾气就会越浓。

让我们来抬头看看天空吧！在天空的云朵中，有的云正是因为我们的活动才产生的。我们洗衣服的水、流出的汗水、在院子里撒的水，都变成水蒸气升上了天空，最终变成了云。树叶中所含的水分也会升上天空；太阳照射海洋的时候，海水也会变成水蒸气升上天空，所有升上天空的水蒸气，最后都会变成云。

云彩在天空中不断飘荡，在此过程中会不停地变化形态。云和云很容易混到一起，容易相互聚集，也很容易散开……之后，云又会变成雨水降落到地面。这是因为云层中的水滴越聚越多，当云层无法再承受它们的重量的时候，水滴就会降落到地面，这就是我们看到的雨。

空气的流动形成天气

我们头顶上的天空总是在发生着变化，有的时候晴空万里，有的时候阴雨连绵，有的时候乌云密布，有的时候大雾弥漫，还有的时候会降下皑皑白雪，甚至还会狂风大作……我们将这些变化，称为天气。那么，地球上的天气为什么会如此变化无常呢？每天的天气都会发生变化，这些变化到底是如何产生的呢？

我们生活的地球上，到处都有空气。空气的运动形成了天气！虽然我们用肉眼看不到空气运动，但是，当风吹动我们的头发，当树叶摇动或衣服摆动的时候，我们就可以感觉到空气的运动。一般情况下，空气看起来并没有巨大的威力，但是，当空气的运动达到时速

50~60千米的时候，屋顶的瓦片就会被掀起，巨大的树木也会开始摇晃。在天空中，空气时时刻刻都在流动。天空上方的空气流到下方，下方的空气也会流到上方，空气会流向东南西北各个方向。空气像这样不断向四周运动的过程，就是我们熟悉的刮风的过程。而这种上下运动的空气则称为气流。

那么，空气为什么不老老实实地待在一个地方，而是不停地到处流动呢？

这是因为，在我们生活的地球上，各个地方的温度是不一样的。山脚的温度比较高，而越接近山顶的地方，温度就会越低。靠近赤道的地区温度较高，而靠近两极的地区则非常寒冷。除此以外，地面和海洋面、内陆和海岸的气温也是各不相同的。在温暖的地方，空气分子的运动相对比较活泼，空气的扩散范围会更大，密度越来越小，就更容易上升。相反，在寒冷的地方，空气分子的运动就会减慢，它们会聚集在一起，密度不断加大，因此就会不断下沉。当暖空气和冷空气不断向上向下运动的时候，就会产生空隙。产生空隙的气流是不会进入这些空隙之中的，这些空隙是由旁边的空气来填补的，如此一来便形成了风。

当冷空气向上升的时候，空气的压力会越来越小，空气基本上就像消失了一样，我们称之为低气压。而当冷空气向下沉的时候，空气受到的压力会不断增加，我们称之为高气压。空气永远会从量多的地方向量少的地方流动，因此，风总是从高气压的地方吹向低气压的地方。从来不会有任何一股风，会从低气压的地方吹向高气压的地方。

气压的差异越大，空气的流动速度就会越快。这样一来，风速也会变得更快。在热带的海洋，由于气温很高，所以空气会在瞬间升上天空，形成低气压。这样一来，周围的空气就会迅速地流向热带低气压的中心，这些迅速移动的空气会形成强度比较大的风。速度超过了10.8米/秒的风就称之为台风。

　　人们为各种各样的风取了各种不同的名字。夏季和秋季风向发生改变的风叫做季候风；一年四季很少改变方向，出现时间很稳定，很讲信用的风叫做信风；从山上吹来的风叫做山风；从峡谷里吹来的风叫做谷风……还有一种山区特有的风，当气流越过高山后会下沉，每下降1000米，温度平均就会升高6.5℃左右。因此，当从高山上下来的风降落到地面附近的时候，温度会明显上升，从而使水蒸气加快蒸发，产生干热的风，这种风叫做焚风。在韩国的太白山山脉上就会吹这种风。

　　地球上之所以会刮风，之所以会产生云，都是由于空气的缘故。空气不停地流动，才引起了所有的天气现象。月球上没有空气，因此月球上也不存在天气。月球上既不会刮风，更没有云，当然也不会下雨下雪。因此，在月球表面上，那些数十亿年前产生的坑洞，到现在还原封不动地保存着。

为什么越高的地方越寒冷？

美丽的北欧国家瑞典有这样一个传说：上帝在创造世界的过程中，在创造瑞典的斯莫兰德地区的时候，心情非常好，于是他将这个地方创造得格外漂亮。

有一天，彼得来到上帝面前，对上帝说："上帝，我也想创造一个世界！"在彼得眼里，创造世界是一件非常有趣的事情，而且看起来并不困难。由于彼得一直恳求上帝，于是上帝便答应彼得，让他来完成斯莫兰德剩下的区域。因为斯莫兰德已经完成的一半做得非常美丽，所以上帝想，只要彼得按照这个样子完成剩下的工作，应该不会有什么问题。可是，当彼得完成了工作的时候，上帝却感到十分失望。这是因为彼得在大地上只撒上了薄薄的土层，土地被风一吹，满天都是尘土，石头暴露在外面，到处都是一片荒凉的景象。不仅如此，他还将地势做得过高，导致温度很低，非常不适合人们居住。于是，上帝问彼得，为什么要这么做？彼得回答："我认为大地地势越高，就

会越接近太阳，气候应该就会越温暖。"

我想大家都知道，彼得的这个想法是错误的。我们在平地的时候，温度相对会比较高，但是越接近山顶，温度就会越低。即使在大夏天，如果我们登上高高的山顶，还会看到山顶的积雪。为什么会出现这样的情况呢？越接近山顶的地方，应该越接近太阳，但是为什么温度反而会越来越低呢？

太阳的热量每天都会穿过大气层来到地球，但是，太阳却不能直接加热空气。太阳的热能大部分都会直接穿过空气，被大地和海洋吸收。大地和海洋可以很好地吸收太阳的热量，它们接受的热量越多，温度就会越高，同时向空气中散发的热量也就越多。我们把地球向空气中散发的热量称为地球的辐射热。地球的辐射热虽然远远低于太阳的热量，但它却是非常重要的热能。因为它可以加热空气！比起强烈的太阳热能，空气更容易吸收地球的辐射热。空气只有吸收了地球的辐射热以后，才能变得温暖起来。

空气中有能够吸收地球的辐射热的气体，例如水蒸气、二氧化碳、甲烷、臭氧等。这些气体能够很好地吸收地球的辐射热，可以帮助地球维持温度，因此，人们将这些气体称为温室气体。空气中的水蒸气和二氧化碳含量虽然很少，但是却能够保持地球的温度。

越接近地面的地方，温室气体的含量越多；越接近高空，温室气体就会越少，地球的辐射热越接近高空也会越弱。因此，越接近地面的区域温度相对较高，而越接近天空的区域，气温就会越低，就会变得越来越寒冷。

这对人类而言，当然是一件好事。因为空气中的冷空气和暖空气总是按照一定顺序存在的，暖空气总是位于下方，而冷空气总是位于上方。但是，由于冷空气总是想向下运动，而暖空气总是想向上运动，这样一来就会形成空气的流动。如果不存在这种情况，例如说山上的空气非常暖和，山下的空气非常冷，而冷暖空气又原封不动，那

让我们一起升上天空！

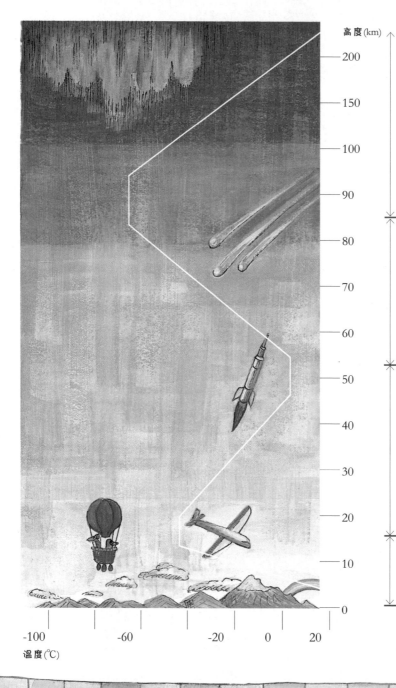

高度(km)

— 200

— 150

— 100

— 90

— 80

— 70

— 60

— 50

— 40

— 30

— 20

— 10

— 0

温度(℃)

-100　　-60　　　-20　　0　　20

暖层
几乎没有空气。
这里的氧气和氮气可以吸收太阳的能源，因此温度非常高。

中间层
空气含量不多，越向上气温越低。

平流层
空气不发生运动，处于比较安静的状态。臭氧层可以吸收紫外线，气温不断增加。

对流层
空气会产生对流，产生天气的变化。越向上温度越低。聚集了80%~90%的空气。

样就不会存在空气之间的流动，也就不会有天气产生了！

科学家们将天空中容易存在天气变化的区域叫做对流层。对流层中的空气不断运动，并且上下之间会不断地混合。

但是，在距离大地10~50千米的天空中就会发生这样的事情，温度会随着高度的增加而增加。在这里，空气不会发生上下之间的对流，天空永远是一片晴朗，既没有云也没有风雨，天气也没有阴晴之分，这就是位于对流层之上是平流层。在平流层中有一种特殊的气体——臭氧。臭氧可以吸收紫外线，因此平流层的温度会随高度的增加而上升。

相信大家已经听到大人们说过，臭氧层出现了一个破洞，大人们都在为此感到担忧。臭氧是一种蓝色的气体，会发出刺鼻的气味。如果臭氧的形态发生了改变，那么它的颜色也有差异，液态臭氧是深蓝色的，固态臭氧是紫黑色的。臭氧是一种污染物质，在日常生活中，如果我们接触到臭氧，就会感到头疼。可是，在高空中，臭氧却可以吸收危险的紫外线，阻止绝大部分的紫外线到达地表。听到这里，也许大家会觉得包围在地球上空的臭氧会是厚厚的一层。但是，实际上由于臭氧散布地比较广泛，包围在地球外面的臭氧层的平均厚度仅有0.3厘米。由于臭氧层十分稀薄，所以臭氧层极易遭到破坏。

地球虽然是在漫长的历史中逐渐形成的，但臭氧却是一次性产生的。在很早很早以前，很多微小的生物制造出了氧气，这些氧气升到天空中，经过一些化学变化，形成了臭氧。从这以后，臭氧层开始包围着地球，阻止紫外线对地球的侵害。可是，随着人类修建工厂，释放出大量的氟利昂气体（发明这种气体的人当然变成了富翁），这些氟利昂气体升上天空，和臭氧发生了激烈的化学反应，对臭氧层造成了极大的破坏。如果是一般的自然反应造成臭氧层被破坏，大自然会自行将其修补。但是，如果臭氧层被氟利昂气体破坏，就会产生巨大的空洞，而且无法进行补救。

平流层再向上是中间层和热成层。中间层的温度大约为零下90℃左右。而进入热成层之后，温度又会重新升高。这是因为热成层的氧原子会大量吸收太阳光中的紫外辐射，使温度增高。正因为太阳光中的大部分紫外辐射都被吸收了，因此穿过热成层进入地面的就很少了。

热成层会发生非常奇怪的现象，在这里，白天的温度急剧上升，到了晚上温度又会急剧下降，昼夜温差极大。在热成层温度最高的时候能够达到1200℃左右。不过，在热成层中空气分子是很少的，因此空气分子之间不会相互碰撞（在地面上，空气分子只要是运动0.000001厘米，就会和其他空气分子发生碰撞）。但是，如果宇宙飞船在穿越热成层冲向宇宙的时候，却要和温度极高的空气分子以极快的速度发生撞击。因此，宇宙飞船表面都采用了隔热材料，保证船身不会燃烧。在中间层和热成层虽然没有多少空气，但是它们的高度都是相当高的。在热成层的上面是外大气层，也叫散逸层。在这里，空气非常稀薄，只存在有一些不停运动的小粒子，这些小粒子中运动速度快一点的，就可以挣脱地球引力而散逸到星际空间去。因此，越过外大气层，就来到了天空的尽头，再往外便是无边无际的宇宙了！

地球是巨大的圆形海洋

　　我一直很自豪自己出生在一个海边城市。从小开始，我就非常喜欢到海边去玩水，长大了以后我也喜欢坐在沙滩上，看着海浪在沙滩上涌起又退下。记得有一次，一个亲戚家的孩子来我家做客，当我听到他说，他从来没有看过大海的时候，我感到十分惊讶。对我来说，一次都没有看过海，就和一次都没看过大树，一次都没看过泥土一样的不可思议。不知道各位小读者中，有没有一次都没看过海的孩子呢？如果你生活在韩国，我们的国家东、西、南三面环海。即使你的家在偏远的地方，只要做上几个小时车，也就能够看得到大海了。

　　海洋的面积非常宽广，它包围着我们生活的陆地。如果我用数字或者图表来告诉大家海洋要比陆地大多少倍，相信你们一定对这些枯燥的数字和图表不感兴趣，也不会在心里留下深刻的印象。那么我们就换个方法来说明海洋的宽广吧！

　　如果地球上没有了海洋，地球会是什么样子呢？ 1972 年，阿波罗 17 号从宇宙中拍摄下了地球的照片，我曾在某一本书上看到过这张照片。当时，我记得我的眼睛久久不能离开照片上的画面。照片上的地球，看起来好像是全部被海洋包围着一样，呈现出非常美丽的蔚蓝的色彩。

一直生活在陆地上的我，脑子里突然产生了这样的想法：原来我是这么渺小！而生活在海洋里的鱼儿、海豚和鲸鱼，好像才应该是地球真正的主人！看到了这副蔚蓝的图画，我感觉自己心中的烦恼也都像小小的沙子融进海里一样，消失得无影无踪了！

海洋同陆地一样，有着漫长的历史。那么，这些无边无际的海水到底是从何而来的呢？海的面积如此宽广，如果这些海水不是从地球产生的时候就存在的，那么是从哪里来的呢？难道是从天上倒下来的，或者是从地底涌上来的吗？我忽然想起有一天一个孩子曾经问过这样的问题："为什么大海里全都是水呢？"想必是这个孩子看到广阔的海洋以后，心地产生了无尽的好奇。那么，海里究竟为什么会充满了水呢？海里的水都是从何而来的呢？我希望你们也来仔细思考一下这个问题！

没错！地球上无穷无尽的海水，正是从地球内部喷涌而出的！在地球刚刚产生的时候，地球上的石头里含有大量的水分。除此之外，还有很多海水是从地球外界流入地球的。大小不一的陨石和由冰组成的彗星，将无数的水从宇宙中带到了地球上。当陨石和彗星撞击地球的同时，地底的岩浆发生了巨大的爆发，水蒸气也随着岩浆到了地球表面。水蒸气升到天空之后，由于遇到低温，便成了雨落到地面上，形成了海洋。经过数百年、数千年的降雨过程，地球上形成了巨大海洋，足以将地球整个包围起来。

从那以后直到今天，在漫长的岁月里，地球上一直存在着海洋。海洋调节着地球的温度，控制地球变暖、变冷。大海释放出大量的水蒸气，形成云和雨。当紫外线直射地球的时候，海面也起到了反射紫外线的作用，让紫外线无法进入海底。

这样一来，海底就形成了适合生命生存的环境。最初的生命便出现在大海中，并且在这个安全的环境逐步进化。细菌、变形虫、水母、珊瑚虫等生物，都是在海洋中诞生的。鱿鱼、贝壳、海参、虾、鱼、海星、海胆、海葵……无数的生物现在仍旧生活在浩瀚的海洋当中。我们人类属于脊椎动物，而最早的脊椎动物的祖先，也是从海洋中进化而来的。所有的脊椎动物，最早都是从鱼类进化而来的，但是，现在我们却无法生活在海洋之中。不过，即使是这样，几乎所有人还是对大海有着特殊的喜爱之情，而且这种感情往往是与生俱来的。

地球中产生的海洋

相信大家对于大海是由水组成的这个事实，都感到再正常不过了！记得以前曾经有过一个诗人，他说："如果大海是由酒做成的，不知道该有多好！"不知道各位小读者中，有没有人像这位诗人一样，希望大海里都是雪碧或者牛奶！不过，如果仔细思考一下，宇宙中没有任何一个人规定过，大海一定要由水组成！

在巨大的木星的中心部分，存在着一个由氢元素组成的海洋。而地球的内部，也存在着由铁组成的海洋。科学家们还发现，土星的卫星泰坦也像地球一样，在表面上存在着海洋。只不过泰坦上的海洋是由温度极低的甲烷组成的。直到前不久，美国的科学家才通过撞击月球，取得了一些数据证明月球上存在水分子。不过科学家们也表示，月球上有水并不表示月球上存在湖泊、海洋或者水坑。也许整个宇宙中，只有地球上的海洋是由水组成的！

我小的时候，从来没有认识到水是一种多么特殊的、神奇的、奇异的物质。对我而言，水是再平常不过的物质了。我们每天需要喝水，需要用水洗漱，需要用水洗澡，还要用水来洗衣服——如果没有水，这些事情一件也做不成。大人们也告诉我，没有水人就会死去，所以要珍惜水资源，不要浪费水。不过，现在我却越来越感受到，每天我们都要接触到的水，原来是如此神奇的存在。例如，水滴总是圆的，水会结成冰、水会流动。我们可以观察到水的不同形态，例如冰和水蒸气。在水中加入的食盐和砂糖不久就会溶解……在学习科学的过程中，这些平凡的事情在我眼里，变得越来越神奇了。如果地球上没有水，我们就无法生活在地球上，甚至根本不会出现在地球上！

水是由氢元素和氧元素结合而成的，在一个水分子中有一个氧原子和两个氢原子。无数的这些分子聚集在一起，便形成了可以流动的水。科学家们为了研究水的神秘性质，采用人工分解方法，去掉氧原子，只留下氢原子，然后用氢原子和其他的种类的原子结合，对产生的物质进行比较分析。如果将氢原子和硫原子结合，便会产生硫化氢；如果将氢原子和硒原子结合，便会产生硒化氢。如果按照这种方式给水命名的话，水的学名应该叫一氧化二氢。水和、硫化氢、硒化氢之间的关系，就好像是同父异母的兄弟一般。

现在让我们来比较一下这些兄弟之间性格的差异。硒化氢在三兄弟之中排名老大，重量最重；硫化氢排老二，重量也排在第二位；而水则是老小，重量也是最轻的。老大硒化氢在零下 50℃的时候就会沸腾；老二硫化氢在零下 70℃的时候会沸腾；这两种物质在常温下都是气体状态。如果按照它们的排序，老三水应该在温度更低的环境下才会沸腾，可是水的性质却恰恰相反，它既不是在 0℃

的时候沸腾、也不是在 10℃ 的时候沸腾，而是在 100℃ 的时候才会沸腾。正因为这个原因，水在常温下呈液体状态。

如果水和其他气体在零下几十摄氏度的时候便会沸腾的话，将会出现什么样的情况呢？如果真的是这样，我们看到的水，永远都是呈水蒸气的状态。我们就无法用水来洗漱，也无法用水来做饭，就算口渴的时候，也没法喝到水，更别提游泳了！除此之外，世界上的江河湖海都会消失，也不会下雨下雪。所有的动物、植物和人类也都无法继续生活在世界上。

大家都知道，我们人体的 70% 是由水组成的。很多小朋友也许会感到奇怪，我们的身体明明是由骨骼、血液和肌肉组成的，和水有什么关系呢？其实这是因为，如果没有水的话，不管骨骼还是脂肪、肌肉，都是无法形成的。水母的身体中 95% 都是水分。所有活着的细胞里，都存在大量的水分。如果我们周围的水都变成了水蒸气的状态，人类身体的细胞就无法在这个世界上存活下去，人类就根本不会在地球上存在了！

海洋如何调节地球的温度？

水的性质和其他物质有所区别，无论是加热还是冷却，速度相对都比较缓慢。我们可以把锅里装满水，然后打开煤气加热锅里的水。通过观察时间，我们可以发现，一锅水要十几分钟以后才会煮沸。但是，如果将一块体积相同的铁块放在炉子上，只需要大约两分钟的时间，铁块就会变热。

不知道大家听到这个事实，是不是会感到有些惊讶呢？除了铁块以外，金、银、铜、空气、油等的加热速度，都要比水快，甚至沙子、泥土和石头加热的速度，也要比水快。相信大家听到这个事实，一定会好奇地询问："那会怎么样呢？"水正是由于拥有了这样的性质，才能够让地球维持适合的温度。

水的温度上升的速度比较慢，而铁的温度上升的速度则比较快。我们用比热容来衡量单位质量的物质温度上升或下降1℃时吸收或释放的热量。同质量的物质，升温速度快的比热小；升温速度慢的物体比热大。所谓比热大，就是指一个物体能够更好地保存热量。水的比热大于铁、沙子、泥土和石头的比热，能够更好地保存热量，因此，海洋和陆地相比，能够更好地保存热量。

和其他物质比起来，水能够保存的热量更多，而且一旦升温以后，冷却的速度也比较慢。一瓢水在冷却过程中释放出的热量，能够加热的空气的量是其自然体积的3000倍。因此，海水在夏天能够吸收比空气和泥土更多的太阳热能，所以才能保证我们的世界不会变得过于炎热。相反，在冬天的时候，海水会慢慢地释放出它所保存的热能，让地球维持在适当的温度。因此，接近海洋的国家，到了冬天，气候

会比位于内陆的国家更加温暖。

　　水拥有这样特殊的性质，因此是地球上所有生物生存所不可缺少的物质。水的温度缓慢地上升或下降，而当水结成冰之后，它的体积就会发生膨胀。

　　水的确是一种神奇的物质！其他的液体在结冰的时候体积都会变小；而水在结冰的时候体积却会增加。按照一般的自然规律，气体在变成液体的时候，体积会缩小；液体在变成固体之后，体积也会缩小。可是水的性质却完全不同！水在结冰变成固体的时候，体积反而会增大！在其他物质身上是绝不会发生这样的现象的。这是因为，水

在结冰的时候，水分子的形状变成了六角形。无数中空的六角形结合在一起，就会变成冰。因此水在结冰的时候体积会变大。

由于水在结成冰之后体积会变大，所以冰会漂浮在水面上。我小的时候一直认为，冰块浮在水面上是理所当然的事情。但是，我却一次也没有仔细考虑过，为什么冰会浮在水面上。

如果在同样大小的两个盒子里，一个盒子里装满水，一个盒子里装满冰，哪个盒子的重量会更大呢？没错！装水的盒子重量会更大。正因为这样，冰才会浮在水面上。

在寒冷的冬季，湖面上都会结一层厚厚的冰。而且总是在水面的最上方的。如果冰沉到水底，冻冰的时候就会从下往上结冰。这样一来，整个湖水都会变成一大块冰坨。好在实际生活中，只有湖面会结冰，而湖底是不会结冰的！

海水是十分重要的液体！地球上是不能没有海水的。海水吸收了大量的热量以后，再慢慢地将它们释放出来，这样才能维持地球的温度。

除此以外，水还具有一个非常重要的作用！海水可以禁锢温室气体。前面我们已经学到过，温室气体中的二氧化碳可以吸收地球的辐射热。在我们生活的空间中，二氧化碳的量既不多也不少，而是保持在比较适当的状态。但是，如果大家了解了二氧化碳产生的原因，就会感到非常奇怪，为什么二氧化碳的含量会保持在适当的水平呢？

在地球上存在着无数的火山，这些火山会像巨大的怪物一样，不断地吐出大量的二氧化碳。除此之外，人和动物呼吸的时候也会产生二氧化碳。如果这些二氧化碳都进入了天空中，那么天空中二氧化碳的含量，一定要比现在多出许多倍。但是，实际情况却并不是这样。那么，这些二氧化碳到底都跑到哪里去了呢？

正是生活在海水中的微生物，以及海底巨大的石灰岩，吸收了空气中的二氧化碳（植物也可以吸收二氧化碳。但是，单凭植物的吸收是不足以让二氧化碳的含量维持在适当的程度的）。在浩瀚的海洋中，生活着有孔虫、鞭毛虫、石灰海绵等许多大家闻所未闻的微生物。当二氧化碳混合在水里，进入海洋的时候，这些微生物就会将二氧化碳吸入体内。在这些微生物的体内，二氧化碳会和其他元素相结合，制造出漂亮的外壳。有孔虫、鞭毛虫等微生物，它们死后会沉在海底，肌肉会逐渐腐烂，只剩下坚硬的外壳。无数的外壳不断沉积后，便形成了石灰岩。而石灰岩也可以大量地吸收二氧化碳。石灰岩中的二氧化碳含量，要比空气中二氧化碳的含量多出 10 万倍左右。

生活在海洋中的微生物，以及深藏海底的石灰岩，不断吸收二氧化碳，才能够让地球上的二氧化碳含量保持在适当的比例。但是，随着人们大量使用煤炭和石油，空气中的二氧化碳含量不断地增加。在爸爸妈妈开车的时候，或者是做饭点着煤气炉的时候，也会释放出大量的二氧化碳。这些肉眼看不见的二氧化碳，全部都飞到了天空中。人们制造出的二氧化碳的量，已经远远超过了海洋可以吸收的二氧化碳的量。正是由于这个原因，我们生活的地球才会变得越来越热。

11

测量地球的大小

　　截至现在，我们已经先后学习了地球的土地、地球的内部、大气和海洋的有关知识。现在，我们要敞开我们的心扉，一起来到地球外面，从外界观察我们生活的地球！如果真的能从宇宙中看地球，那会是一种什么样的心情呢？我记得有一位航天员曾经这样描述自己在宇宙中看到地球时的心情："当从黑暗的宇宙中眺望地球的时候，地球俨然像一枚小小的闪亮的蓝宝石一般美丽。"生活在地球上的所有人之中，能够真正拥有这样经历的人，当然是屈指可数的。不过，也许你们中的一些人长大后，也可以拥有这样奇妙的经验。如果有一天你们真的能够从宇宙中看地球，不要忘了给我发一封邮件，分享你们的感受哦！不过，那个时候，我应该已经变成一位老奶奶了！

　　有的时候，我会产生这样的怀疑：地球真的是圆形的吗？是的，事实上，地球既不是四角形的，也不是扁平的，而是一个巨大的球体形状的，这是不容置疑的事实。但是，生活在平坦的地面上，有的时候，我还真的难以相信，地球是一个巨大的球体。地球可以不靠任何支撑，存在于浩瀚的宇宙当中。如果没有卫星拍摄的地球的照片，如果没有航天员在太空中看到的地球的样子，我们还真的没有那种真实感，觉得地球是圆形的。因为我们生活的每一片土地都是平坦的，虽然略有高低的差异，但无论如何也无法和圆形联系到一起。不过，科学教给我们的，正是这些和我们眼睛看到的、内心感受到的截然不同的真实。

在很早以前，了解这些事实的人寥寥无几。在距今大约2200多年前，生活在非洲北部的埃拉托色尼就是其中之一。他认为，虽然地面看上去是平平的，但是地球的形状绝不是一个有棱有角的四方形，而是宇宙中一个巨大的球体。埃拉托色尼阅读了大量旅行者的游记和文字。有一次，他看到了过去的人们对月食的相关描述（当地球运行到太阳和月亮的中间时，太阳光正好被地球挡住不能照到月亮上去，便产生了月食现象），推断出地球的形状是圆形的。此外，他还看到了旅行者的笔记中记录了这样的内容："在北半球看到的星星，与在南半球看到的星星截然不同！"埃拉托色尼对这样的文字进行了耐心的思考：在北边看不到南边的星星，而在南边看不到北边的星星，到底意味着什么呢？如果地球是四方形的，大地都是相互平行的，那么在地球上任何一个地方，能够看到的星星，不都应该一模一样的吗？

同一天同一时刻，影子的长度居然不同！

埃拉托色尼生活在一个名叫亚历山大港的著名港口城市。埃拉托色尼每天都能看到在港口来来往往的无数的船只。在船只出海的时候，首先消失的是船身，最后船桅杆也会慢慢消失在海面上。相反，当船只进港的时候，远远的会先看到桅杆。为什么会出现这样的情况呢？如果大海是平的，那么船只无论在进港还是出港的时候，都应该看到相同的部分。埃拉托色尼对这些事实感到非常好奇。他越来越深信，地球不是平的，而是一个巨大的球体。

埃拉托色尼不仅认为地球是一个巨大的球体，他还非常好奇地球的体积到底有多大。这些想法不仅停留在他的头脑中，他还亲自动手测量了地球的大小。

那么，在距今大约2000多年前的希腊，埃拉托色尼是如何测量地球的大小的呢？他既不能来到宇宙中，用一条皮尺来测量地球的腰围，也不能拿着一条长长的尺子，围着地球走上一周。

埃拉托色尼测量地球大小的方法，不用绕地球一周，更不需要离开地球来到宇宙中。他只利用了地球是圆的这一个事实，用一根棍子、一支铅笔和一张纸，以及夏至那天正午的阳光，运用一些简单的几何学知识，便测量出了地球的大小。相信大家在学校里也已经接触到了几何学。在学习几何学的时候，一定不要忘了埃拉托色尼爷爷的存在！其实，大家也可以只要一根棍子和一根粉笔，再加上一些简单的几何学知识，就可以在学校里测量地球的体积大小了。

埃拉托色尼最初是在图书馆里得到了灵感。图书馆里珍藏着人类的智慧和知识，仿佛是一座巨大的宝藏。埃拉托色尼在图书馆里翻阅古书的时候，忽然间发现了一个令人惊讶的事。

前面我们已经说过，埃拉托色尼生活在亚历山大港（我希望大家现在也能转动一下地球仪或者翻开世界地图，在上面找出埃拉托色尼曾经生活过的亚历山大港的位置。如果你在阅读下面这些文字的时候，已经知道亚历山大港的位置，那么对你理解下面的知识，一定有很大的帮助），亚历山大港和非洲北侧的地中海相对，在当时是一座非常有名的城市，这座城市的名称来源于罗马皇帝亚历山大的名字。那么，这座城市为什么用罗马皇帝名字命名呢？在这座城市里，埃拉托色尼又度过了怎样的一生呢？大家是不是也对这些感到十分好奇呢？现在我就来为你们仔细讲述，有关这座城市的故事！

在埃拉托色尼生活的城市的南侧，有一个叫做西恩纳的城市。不过，现在这个城市已经不再叫西恩纳，而改名叫阿斯旺了！所以，大家可以在地图上找到阿斯旺所在的位置。有一天，埃拉托色尼在图书馆中翻阅资料的时候，发现了一个令人吃惊的事实。在西恩纳，夏至那天的正午，影子居然会消失不见！当夏至那天，如果人们在正午时分站在太阳的正下方的时候，所有人或物体的影子都会消失（事实上，影子并没有消失，而是位于人们的脚下），埃拉托色尼认为这个现象十分神奇。为什么在亚历山大港，即使到了夏至的正午，影子也不会消失，而在西恩纳影子却会消失呢？

在同一天的同一个时刻，为什么在有的地方会有影子，有的地方影子会消失呢？这到底意味着什么呢？如果地球不是圆的，就不可能发生这样的事情。

太阳光照射到地球的时候，由于地球是圆的，所以即使在同一天的同一时刻，有的地方的物体可以竖直接受阳光的照射，而有的地方的物体则是倾斜着接受阳光的照射。完全垂直接受阳光照射的地方，影子看上去就像消失了一样；而倾斜着接受阳光照射的地方，形成的影子就是倾斜的。掌握了这个事实以后，埃拉托色尼便想出了测量地球周长（地球赤道附近的周长，下同）的方法。因为有了这些条件，所以只需要利用简单的几何学知识，就可以计算出地球的周长了。

埃拉托色尼在夏至的正午，在亚历山大港的地上立了一根垂直于地面的木棍。然后让另外一个人在西恩纳的地上也按照同样的方法

埃拉托色尼是如何计算地球周长的？

　　埃拉托色尼将西恩纳所在的点定为A点，将亚历山大港所在的点定为B点，将地球的中心定为C点，将阳光和棍子形成的角定为X角。埃拉托色尼观察到，影子的长度相当于木棍长度的1/8，他利用简单的工具，计算出角X的值为7.2°（埃拉托色尼只能使用古希腊的太阳计时器，但是我们却可以使用量角器进行测量）。之后，埃拉托色尼假设将A点和B点分别和地球的中心相连接，将这两条线形成的夹角定为Y角。利用几何学的原理，角X和角Y是两条平行线形成的内错角。因此，角Y的度数和角X相同，也是7.2°。7.2°是圆360°的1/50，因此，地球的周长，应该是西恩纳到亚历山大港距离的50倍。

立一根木棍。当在西恩纳的木棍没有影子的时候，在亚历山大港的木棍是有影子的。埃拉托色尼通过测量，发现影子的长度相当于木棍长度的1/8。然后，他利用简单的几何工具，计算出了地球的周长。那么，埃拉托色尼究竟是如何计算地球周长呢？埃拉托色尼在纸上画了一个360°的圆，将它看做是地球。然后将照射在亚历山大港和西恩纳的阳光延长，画两条一直延长到地球中心的线。让我们一起看看左边这幅图中，埃拉托色尼的计算方法吧！

按照埃拉托色尼的计算，地球的周长大约应该是西恩纳到亚历山大港距离的50倍。西恩纳到亚历山大港的距离大约是800千米，因此地球的周长应该是800千米乘以50，也就是4万千米左右。这个数值，和今天的科学家们利用人造卫星和牛顿的万有引力公式计算出的40075千米几乎相差无几。

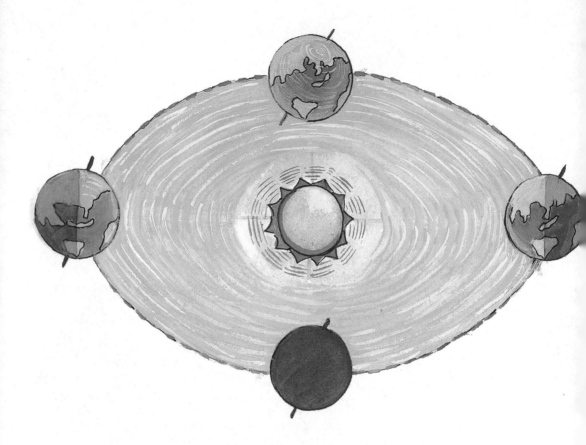

　　地球是一个周长为 4 万千米左右的球体。但是，地球在宇宙中并不是静止不动的，而是以很快的速度在不停运动着的。地球自转运动的速度大约是每小时 1600 千米（以赤道为基准），同时以每小时 10.8 万千米的极快的速度围绕太阳进行公转。

　　我们生活在地球表面，是无法直接体会到地球运动的速度的。但是，科学家们可以告诉我们，地球确实是在不停运动的。正是因为地球的运动才有了影响我们生活的各种各样的自然现象。

　　首先，如果地球不运动，就不会有白天和夜晚的区别。因为地球自转，所以才会形成白天和夜晚。当太阳照到我们所在的半球的时候，就是白天；当太阳照到相反半球的时候，我们所在的半球就是夜晚。虽然在学校里，我们已经学到过地球自转形成白天和夜晚这个知识，但是，大家真的从心底认同这个事实吗？在我们的日常生活中，明明每天看到太阳从东边升起，西边落下，为什么说地球围绕太阳转动，而不是太阳围绕地球转动呢？

很久以前，人们就认为太阳是围绕地球转动的。后来，哥白尼、伽利略和牛顿告诉人们，地球是围绕太阳转动的。当时，人们虽然从理论上可以接受这个事实，但是却没有亲身感受到地球的运动。

其实，我们也和他们一样。我们每天早上看到太阳从东方升起，中午午休的时候，太阳在我们头顶，而晚上，太阳则从西方落下。每天看到这些景色的时候，大家是不是会觉得，太阳好像在自东向西围着地球运动呢？大家真的能感受到地球在自西向东转动吗？

 ## 地球每天从西向东运动

虽然我们都知道，地球在宇宙中是不停运动着的。但是我们却没法亲眼看到，也没法亲身感受到地球的运动。不过，有一位科学家却用一种非常神奇的方法，让人们亲眼看到了地球围绕太阳运动现象。

1851 年，法国科学家傅科利用非常简单的原理和实验工具，将地球运动的样子展现在人们的眼前。傅科在庄严肃穆的大教堂屋顶上，用一根长长的、几乎看不见的细铁丝，悬挂了一个铁球，铁球下方有一根针。铁球像巨大的钟摆一样，不停地左右摆动。在铁球下方，傅科摆放了一个浸湿的沙盘。当铁球每次摆动的时候，铁球下方悬挂的针，就会在沙盘上留下印迹。

站在远处的观众们看不见那根细长的铁丝，只能看到一个铁球不断地左右摇摆。

刚开始的时候，铁球向着门的方向左右摆动。正当人们屏气凝神地看着铁球的时候，不可思议的事情发生了。铁球在摆动了大约 5 分钟以后，铁球不再向着大门的方向摆动，而开始向侧面墙壁的方向摆动，并且逐渐开始转动了起来。铁球在沙盘上也渐渐留下了圆形的痕迹。这是怎么回事呢？既没有任何一个人晃动铁球，也没有任何影响铁球运动的装置，究竟为什么会发生这样的现象呢？难道是幽灵作祟吗？

傅科为目瞪口呆的人们解释了这个现象的原理。他说，铁球并没有转动，而是我们所有人都和大教堂一起，正在向着右侧转动。由于铁球被悬挂着，属于可以自由运动的物体，因此依照惯性规律，铁球会按照最初的运动方向一直运动下去。

最先证实这个原理的人是伽利略，他提出了运动的物体会一直沿着最初的方向不断地运动下去。按照这个原理，由于地球在自转，所以在所有站在地球上的人们的眼里看来，好像是铁球在转动一般。

这个实验就是非常有名的傅科摆实验。现在，傅科摆不断发展，

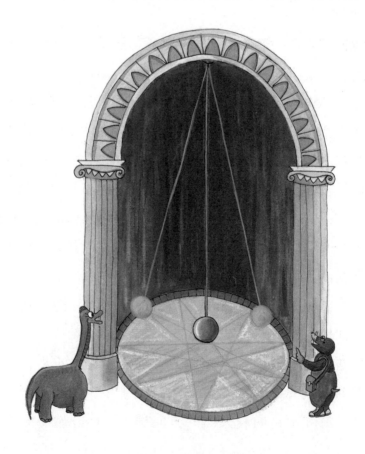

人们用多米诺骨牌或者世界地图来代替沙盘，用非常有趣的方法，展现出地球运动的样子。只要亲眼站在傅科摆前面，人们都可以直观感受到地球的转动。

在很多国家的大学和博物馆等公共设施里，都设立了傅科摆。傅科摆的装置和原理虽然非常简单，但是在设计的时候，为了能够最大限度地遵循惯性的规律，需要尽可能地减少空气的阻力，这就要求铁丝要尽可能的细，但也要保证不断掉。另外，还需要用相同的力让铁球进行摆动。由于最初设置铁丝和推动铁球的方法存在一定的难度，因此想要设置傅科摆，也不是一件容易的事情。

令人感到遗憾的是，在韩国还没有任何一个地方设有傅科摆。我非常希望有一天我们也能够在周围的图书馆或博物馆里，亲眼见到傅科摆，亲身感受到地球的运动。如果真的有这么一天，我希望在夕阳西下的时候（这个时候是见证地球转动的最佳时间），拉着孙子孙女的手，一起去看傅科摆。那个时候，我一定要给他们讲述有关傅科摆的有趣故事。我希望在美丽的夕阳之下，能够告诉他们伽利略、牛顿的故事、牛顿第一定律（即惯性定律），还要告诉他们，我们脚下的地球，正在以多么快的速度不停地运动着……

不过在与韩国邻近的中国北京的北京天文馆的大厅里就有一个巨大的傅科摆，如果你们有机会去那里旅游的话，一定要去看一看。这个巨大的傅科摆时时刻刻提醒着人们，地球是在自西向东旋转着的。

 ## 为什么一年会有春夏秋冬？

在我开始动手写这本书的时候，还是冬天。而写到这里的时候，冬天都过去了，春天已经到来了。在我住的社区里，现在到处开满了迎春花和桃花，到处是一片欣欣向荣的景象。相信大家也已经习惯了一年四季，春夏秋冬的交替变化了吧。相信大家都知道我们生活的地方，在一年中有四个季节，按照春、夏、秋、冬的顺序不断交替循环。

这个问题看上去好像并没有什么特别的地方。但是，事实上有很多大人也无法解释，为什么一年会有四季。如果你去问爸爸妈妈，也许他们会回答你：四季产生，是由于地球是倾斜的。可是，地球倾斜和四季的产生之间，又有什么关系呢？如果你们现在没有好好学习这方面的知识，以后就很难有机会再接触到它们了。

在开始介绍有关季节的知识之前，我希望大家在头脑中想象一下太阳照射在地球上的样子。首先，让我们一起来想象一下地球在宇宙中的样子吧！太阳距离地球非常非常遥远，由于距离非常远，所以我们可以将太阳光照射到地球上各个角落的距离差异忽略不计，假设太阳照到地球上的所有光线长度都是一样的。如果太阳光照射到地球的距离都是相等的，为什么南极和北极非常寒冷，而赤道却非常炎热呢？你可能会回答：因为地球是倾斜的！但是，即使地球没有倾斜，仍旧会出现这样的现象。让我们来看看右边的三幅图！由于地球是圆形的，所以太阳光照在地球上的时候，光线和地球表面形成的角度，根据国家位置的不同，会有差别。在赤道周围，太阳光是垂直照射在地面上的，而越靠近南极和北极，太阳光照射地球时，光线与地球表面形成的角度就会越小。来到两极的时候，太阳光几乎是以水平的方向照射地球。

那么，为什么太阳垂直照射的地方，比如热带地区的国家，那里的天气那么炎热；而阳光倾斜照射的地方，例如南极和北极，那里的天气又会那么寒冷呢？

请大家看着右边的图，听我来为你们解释！当太阳垂直照射的时候，相同面积的土地接受的光线就会更多。但是，当阳光倾斜照射的时候，相同面积的土地，接受的光线就会比较少。太阳越倾斜，阳光就会越少。

也就是说，阳光越少的地方，接收到的能量也就越少。由于太阳的能量巨大，所以接受太阳能多的地方和接受太阳能少的地方，温度就会有巨大的差异。生活在地球上的人们就能够感受到南极北极和赤道地区温度的不同。

季节的形成和太阳光照射地面的角度之间存在着非常大的关系。如果地球不是倾斜的，那么地球各个角落的不同的国家，一年中将以同样不变的角度接受太阳光的照射。由于地球是圆形的，所以南极和北极的阳光一年之内都会非常倾斜，天气变得十分寒冷；而在赤道周围的地区，一年都会垂直接受阳光照射，天气非常炎热。而位于赤道和南北极之间的地区，一年之内会接受适当的阳光照射，天气既不寒冷也不炎热。

但事实上，地球的自转轴是以 23°26′ 的角度（这个角度叫做黄赤交角，是过地心并与地轴垂直的平面即赤道平面，和地球公转轨道平面即黄道平面之间的交角）倾斜着围绕太阳运动。由于地球在围绕太阳转动的过程中是逐渐倾斜的，所以每个月地球上的太阳光照射角度也是不同的。

以上我们说到的内容，在图中由于不能分出内外，所以光凭看图很难理解。大家不妨亲手制作太阳和地球的模型，这样就可以一目了然了！我们需要准备足球、橘子、木筷子和绿色记号笔。

首先，我们将足球放在桌子上，用它来代表太阳，然后将橘子想象成地球。我们将一根筷子插进橘子中间，筷子就相当于地球的自转轴。我们需要把筷子插牢固，并且倾斜 23.5° 左右，然后，我们用笔在"地球"上画出我们所在的位置。

现在，我们首先在原地将筷子转动一周（相当于一天），然后再将橘子绕着足球转动一周（相当于一年）。当橘子位于足球左侧的时

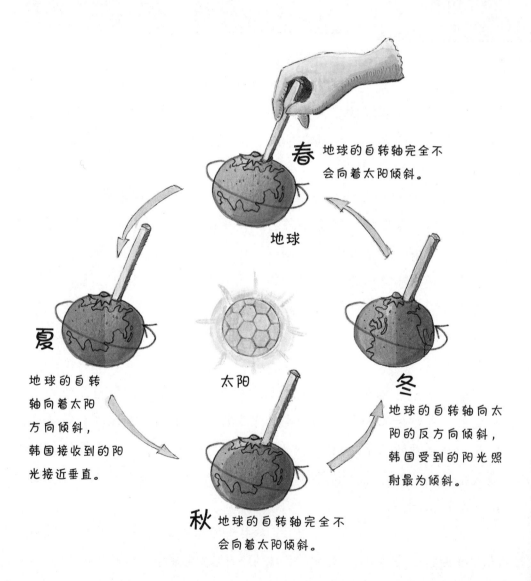

春 地球的自转轴完全不会向着太阳倾斜。

地球

夏 地球的自转轴向着太阳方向倾斜，韩国接收到的阳光接近垂直。

太阳

冬 地球的自转轴向太阳的反方向倾斜，韩国受到的阳光照射最为倾斜。

秋 地球的自转轴完全不会向着太阳倾斜。

候，筷子向足球的方向倾斜，这时照射在我们生活的土地上的太阳光与地面形成的角度是一年中最大的，这时土地接收的阳光量最多，相应的季节是夏天。之后，我们再将橘子围着足球转半圈。当橘子位于足球右侧的时候，筷子应该向着足球的反方向倾斜。这时，照射在我们生活的地上的太阳光，与地面形成的角度是一年中最小的，这时土地接收的阳光量最少，相应的季节是冬天（和我们位于相反半球的国家，这时候就是夏天），而在二者之间的位置则是春天和秋天。这时，可以不考虑自转轴倾斜的角度，可以将它想象成和完全没有倾斜时候的情况是一模一样的。

如果地球不是倾斜的，那么一年中夜晚的长度应该都是相同的。我们都知道，春天和秋天的夜晚长度几乎是相同的。但是，为什么夏天的时候，白天更长；而冬天的时候，夜晚更长呢？就像图中表示的那样，在夏天，地球的自转轴是向着太阳方向倾斜的，因此地球在自转一周的时间里，接受的阳光的照射时间也就越长。相反，冬天的时候，地球的自转轴会向着太阳的反方向倾斜，地球在自转一周的时间里，无法接受的阳光照射的时间也就越长。在春天和秋天，我们将白天和夜晚的时间完全相同的日子，称为春分和秋分。一年中白天最长的一天称为夏至，而夜晚最长的一天称为冬至。

我想，看了以上的内容，大家应该会了解到，为什么我们的一年会有春、夏、秋、冬四季之分。为什么一年之内不同的季节，白天和夜晚的长度会不同。如果你已经了解了，也可以向你的朋友们解释其中的缘由。想要理解这些内容，最好是听别人耐心地讲解，如果光看厚厚的百科全书，生硬的内容对我们理解它是没有帮助的。我想，如果你想向朋友说明这个简单的原理，就需要掌握很多的科学知识，例如说地球是圆的、太阳和地球的距离……此外，千万不要忘记，你们还应该具有从宇宙中观察地球的丰富的想象力！

13

地球从星星中产生

　　现在大家看到的这本书，是一本介绍有关地球知识的书籍。我希望各位小读者能够通过这本书，或多或少地了解到一些有关地球的知识。如果你以前从来没有对地球产生过兴趣，从来没想过要探索地球，我希望在看了这本书以后，大家能够开始对地球产生好奇，能够想要了解更多的地球知识。现在，我们的这本书即将接近尾声，不过，在本书结束以前，还有一个话题是我一定要给大家讲的，这就是有关宇宙的故事！我们生活的地球存在于浩瀚的宇宙之中，想要更好地了解地球，大家也应该掌握一些有关宇宙的知识。

　　和宇宙相比，地球的体积简直小得不值一提。一想到要介绍浩瀚的宇宙，我的精神仿佛也随之飘向了浩瀚的空间。究竟要怎样才能将所有关于宇宙的知识都解释给你们呢？如果我是一位诗人，可以用几句优美而简洁的句子，向你们描述出宇宙的庄严和美丽。可惜的是，我并没有作诗的天分。不过，即使这样，我还是想告诉大家，宇宙是多么的无穷无尽，宇宙中隐藏着多么神奇的秘密……我希望有朝一日，大家能够亲自去解开宇宙中的奥秘，去用心感受宇宙的庄严和伟大……

宇宙的历史,大约从150亿年前开始。虽然宇宙的历史如此漫长,但是,在宇宙产生最初的大约100亿年时间里,宇宙中并没有地球这样一个星球存在。在还没有地球的时候,宇宙居然已经存在了100亿年!这简直太不可思议了!所以,在几百年以前,如果有一个科学家提出这样的理论,人们一定会觉得这个科学家是个大骗子,说不定还会将他关进监狱呢!

在距今约46亿年前,在浩瀚无垠的宇宙中,地球产生了!在宇宙中,有无数像银河系这样的星系,根据科学家们估计,宇宙中像银河系这样的星系数量大约有1000亿个。因此,我们生活的银河系只不过是宇宙中无数的星系中,非常平凡的一个。地球的位置就位于银河系的边缘部分。

在星际空间中存在有很多气体,其主要成分是氢,其次是氮,另外还有一些金属元素和非金属元素,这些气体和在星际空间长时间累积的尘埃结合在一起,形成巨大的、云雾状的天体,我们把它叫作星云。

虽然迄今为止,科学家们都还无法清楚地解释星云产生的原因,但是科学家们推测,星云和恒星的产生有联系,并且从某种角度上说,星云和恒星还能相互转化。科学家们认为,当星云的密度超过一定限度的时候(也有科学家推测,可能是由于超新星的爆发,引起了巨大的震动,由于这样的震动,使星云开始了凝结),在引力作用下会逐渐收缩,体积逐渐变小,聚集成团。当星云在引力作用下开始收缩、聚集、演化的过程中,也在不停地转动,同时温度也随之不断升高,星云的中心部分变得越来越热,最终形成了一颗恒星。我们每天看到的太阳就是这样形成的一个恒星。恒星形成以后,又要向星际空间抛射大量的物质,这些物质又成为构成新的星云的原材料。恒星和星云就这样不断交替转化,当然,这样的转化不是一天两天就能完成的,每一次转化都要经过漫长的时间。

在天空里无数的恒星之中，太阳距离地球的距离最近。而且，对于地球而言，太阳是一颗非常重要的恒星。如果没有太阳，地球和太阳系里的其他行星也就无法产生。

在太阳产生的时候，太阳周围的一些灰尘、气体、岩石碎片等也聚集在一起，形成了体积和小行星类似的物质。这些物质经过数千万年的变化，不断吸引周围漂浮的颗粒，于是形成了像地球这样的行星。在太阳系中，有水星、金星、地球、火星、木星、土星、天王星、海王星共八大行星，按照顺序围绕太阳转动！

一直到不久之前，人们都还认为太阳系中有九大行星，除了上面提到的 8 个以外，还有一颗叫做冥王星的行星。不过，现在冥王星已经被科学家们从太阳系的行星名单中删掉了。刚刚听到这个消息的时候，我感到十分吃惊，为什么我从小到大一直都认为是行星的天体，会突然间被科学家们排除在行星的行列之外呢？从此之后，冥王星不再属于行星了，而被称为小行星 134340 号。（2006 年 8 月，国际天文协会正式决定，将冥王星划为矮行星。冥王星被降级之后，成了太阳系里无数小型冰冻天体中的一个。）

虽然很多人看了这则新闻之后，并没有什么太大的反应。但是，有很多科学家听到这个消息以后，都感到由衷地伤感。冥王星的体积比月球还要小，体积还不足地球的百分之一。即使用最好的天文望远镜观察，我们也只能看到冥王星模糊不清的影子而已。和其他行星相比，冥王星不仅体积非常小，它的运行轨迹也相当奇异，因此，从很早以前开始，科学家们就将冥王星称为是一颗奇怪的行星。冥王星不像其他行星那样，基本都是在公转平面上，按照近似圆形的轨道围绕太阳转动，它时而位于太阳系的公转轨道面之上，时而位于公转轨道面之下。而且，冥王星围绕太阳公转的周期相当长（冥王星围绕太阳公转一周大约需要 248 年）。有的时候，它会侵犯到海王星的轨道，在围绕太阳运转的时候，还会藏到海王星内侧的位置。

冥王星在太阳系的边缘，按照这样奇怪的规律围绕太阳进行公转。虽然这个小小的天体并没有遵循行星围绕太阳公转的规律，但是它却受到了无数天文学者们的关注。在科学家们眼里，这颗位于黑暗、寒冷地方的星球，几乎无法接受太阳光的照射，却依然围绕着太阳运转，俨然就像是一个和朋友们合不来的孤独的孩子一般。

从运动场看太阳系

相信大家已经在课本或者其他很多书中，看到过太阳系的图了。在图中，大大小小的行星按照一定的顺序排列着，围绕太阳转动。但是，实际上太阳系并不能一目了然地被描绘在一张纸上。如果我们按照实际的比例将太阳系缩小在一张纸上，那么这张纸的面积，需要相当于一个运动场那么大才行。

让我们将运动场假设是太阳系，来一起看一下太阳系的结构！我们在运动场的正中央放一个足球，用这个足球来代表太阳。然后在我们迈出10步之后的那个地方放一粒芝麻粒，这粒芝麻粒就代表水星。从芝麻粒的位置开始再继续向前走9步，在那个地方放一个乒乓球，这个乒乓球就相当于金星。从金星的位置开始再向前走7步，然后再放上一个乒乓球，这个乒乓球就相当于我们生活的地球。然后，在距离地球2.6厘米的地方放一粒芝麻，这粒芝麻相当于月球。我们再从地球的位置开始向前走14步，在那里放一粒葡萄籽，用它来代表火星。

火星距下一颗行星木星的距离相当遥远。需要走95步，然后在那里用一个大苹果来代表木星，木星是太阳系里体积最大的行星。从木星所在的地方再向前走112步，在那里放一个弹珠，来代表土星。

如果想要越过天王星和海王星，用某样物体来表示冥王星的话，我们需要来到距离操场1000步的地方，放一粒米来表示。如果想要表示距离太阳系最近的其他恒星，我们需要拿着足球，走到非洲才行。因此，大家在看到画有太阳系各个星体的图时，心里一定不要忘记它们之间距离的真正的比例关系。

现在，你们应该可以想象得出太阳系到底有多么的广阔了！接下来，我们再一起来学习一下有关行星的知识！我记得，在我小的时候，第一次听到有关行星故事的时候，感到十分惊讶。因为，如果我生活的星球不是地球，而是其他行星的话，我的身边一定会发生无数奇异的事情！

在地球上，太阳永远都是从东边升起、西边落下的。每一天的长度都是24小时，每年都是365天左右。在地球上看太阳的时候，太阳的体积和一个500韩元的硬币大小差不多（500韩元的硬币的直径约为26.5毫米）。到了晚上，月亮就会升上天空。我们在大地上生活，我们头顶的天空是蓝色的，周围还不时有风吹过。可是，如果我们生活在其他星球上，所有的一切就会和地球上完全不同。

水星自转一周的时间，相当于地球上的59天。而水星上的1年，只有地球上的88天。如果在水星上想看到早上太阳升起，中午太阳在头顶的景色，需要等上地球时间的半年才行。水星上如果迎来了夜晚，也就相当于地球上的一年结束了（地球每自转一圈就是一昼夜，而水星自转三圈才是水星上的一昼夜。因此，水星上的一天相当于地球上的176天。水星自转了三圈的同时，它也围绕太阳公转了两圈。因此，人们都说水星上的一天等于两年）。此外，在水星上看太阳，太阳的大小相当于在地球上看到的3倍左右。另外，在水星上由于没有大地，所以既没有渐渐变亮的清晨，也没有逐渐变暗的黄昏。太阳会像突然着火一样亮了起来，到了晚上又会突然间变黑。当然，水星上也没有风存在。

如果我们生活在金星上，就会看到太阳从西边升起，东边落下的奇异景象！太阳系的大部分行星，都是按照自西向东的方向自转，但是金星却和它们截然不同，金星是按照自东向西的方向自转的。因此，在金星上太阳是西升东落。

如果我们来到金星上，就会发现这里的一天几乎和地球上的一年一样长。金星的自转速度十分缓慢，它需要地球上的243天才能自转一圈，但是金星围绕太阳公转的周期却比它自转的周期要短，只需要地球上的225天而已。因此，在金星上，有的时候一年的时间都是白天，而下一年则一年都是夜晚。如果在这样的世界上生活，会是什么样子呢？不仅如此，整个金星的天空都被浓重的硫酸云覆盖。当我们接近金星的时候，人体会被可怕的硫酸气体所腐蚀掉。金星上的大气中充满了二氧化碳，温度比距离它最近的水星要高出很多。金星上的平均气温要比烤箱中的温度还要高，平均温度可以达到480℃。金星上的气压也非常大，如果生活在那里，我们会感受到像是潜入深海一般的压力。和环境如此恶劣的金星相比，地球无疑要算是一颗非常适合生存的星球了。地球人应该从金星上认识到，温室气体的威力究竟有多么可怕。

金星的旁边就是我们生活的地球。金星是没有卫星的，但是地球却有一颗卫星，那就是月球。从地球开始，远离太阳的行星就都有自己的卫星了。在各个行星的卫星当中，月球的体积是最大的。科学家们推断，在地球形成的时候，有一个体积相当于火星的行星，曾经和地球相撞或摩擦，因而形成了月球。因此，在广阔的宇宙中，月球是距离地球位置最近的天体。

如果我们可以步行去月球，只要一刻不停歇地走上10年就可以到达月球了。在宇宙中，地球和月球之间的距离就好比是集市上摩肩接踵的距离。正因为它们之间的距离很近，因此月球对地球产生了很大的影响。我们每天两次看到的大海涨潮和退潮，就和月亮息息相关。

月球每个月自转一周，并且按照相同的速度围绕地球进行转动。因此，在地球上，我们永远只能看到月球的一面。每到晚上，我们就可以在地球上看到月亮。其实，月亮在白天也挂在天空中，只是因为太阳光过强，所以我们看不到月亮而已。过去，人们认为月亮是晚上升起的星星。人们认为，白天太阳会发出光芒；而到了夜晚，则是月亮在放光。其实，在太阳系中可以放光的天体只有太阳而已。行星和卫星都无法自己发出亮光的。但是，在无尽的夜空中，这些天体可以反射太阳的光芒，所以我们能够在天上看到它们的样子。我们可以在黑暗的房间里点上一根蜡烛，然后手里拿着一个苹果进行观察。虽然苹果不会自己发光，但是它却可以反射蜡烛的光，因此我们在黑暗的房间里也能看到苹果。在夜晚的天空中，我们能看到月亮，也就是这个道理。如果吹灭蜡烛，我们就无法看到苹果。同样的道理，如果太阳消失了，不管是月球还是金星，我们都无法看见了。不过，即便没有太阳，我们仍然能够看到天空中的星座。虽然北极星、北斗七星距离我们的位置比木星和土星还要远，但是由于它们像太阳一样，是可以独立发光的巨大天体，所以我们可以看到它们。

我们看到的月亮的样子每天晚上都会发生变化。这是由于在地

为什么月亮的样子在不断变化?

由于月亮距离地球的距离很近,月亮每28天,会在地球的赤道面上围绕地球转动一周。让我们来看一下,月亮在围绕地球转动的过程中,呈现出来不同的变化。

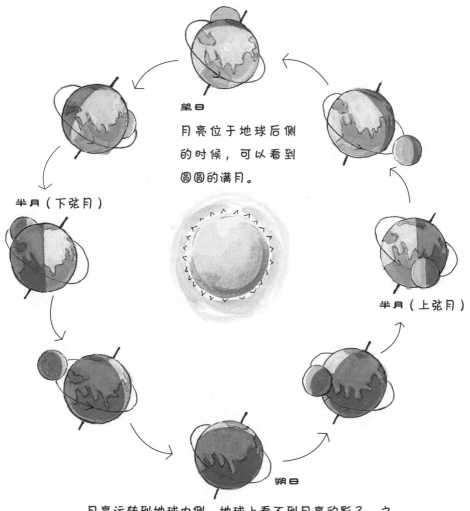

望日

月亮位于地球后侧的时候,可以看到圆圆的满月。

半月(下弦月)

半月(上弦月)

朔日

月亮运转到地球内侧,地球上看不到月亮的影子,之后一两天,我们可以看到小小的月牙儿,称为新月。

球上只能看到月球上反射了太阳光的那部分，所以映入我们眼中的月亮的样子，看起来好像是在不停变化一般。

事实上，月亮本身的样子一直是圆形的，并不会发生变化。月亮在围绕地球转动的时候，地球、太阳、月亮之间的位置和角度会发生变化，月亮反射太阳的面积有的时候会比较大，有的时候会比较小。当月亮运行到地球后侧的时候，我们便可以看到圆圆的满月；当太阳、地球和月亮呈直角的时候，从地球上看到的月亮就是半月；而当太阳、地球和月亮完全处于同一条直线上的时候，月亮就会进入地球的影子里，形成月食。在发生月食的时候，地球会逐渐遮住月亮，我们就能够看到月亮一点一点被遮盖住的奇妙景象。大家可以注意一下天文日历，或者关注新闻，等到月食发生的时候，一定要亲眼观察一下！

太阳系以外是什么样子？

大家喜不喜欢火星呢？火星是太阳系各个行星中，无论是自转轴的倾斜程度，还是每天和每年的长度，和地球都是最为相似的。因此，地球人对火星的兴趣要比任何一颗行星都大。一直到不久之前，人们还一直相信，火星上一定生活着外星生物。这些生物生活的火星上有火山，有红色的沙漠，海洋已经干枯，大地一片荒芜。

在广阔无垠的宇宙中，地球人感到自己非常孤独，因此非常希望在邻近的火星上，能够有外星人的存在。

不过，令人感到失望的是，火星上并不存在任何生命体。1976年，美国的宇宙飞船海盗1号和海盗2号探测器成功地在火星上着陆，当时并没有发现任何生命存在的痕迹。

不过，在此之后，科学家们在考察南极的时候，在冰河中发现了约46亿年前的火星陨石碎片。科学家们发现了令人震惊的事实——

—在这些陨石的碎片中，居然发现了微生物化石。因此，科学家们推断，火星上虽然没有巨大的生命体，但是在地下深处的某些地方，一定有像细菌一样的微生物存在。

越过火星，便是太阳系中的小行星带。再向后便是太阳系中体积最大的一颗行星——木星。地球和太阳的平均距离大约是 1.5 亿千米，但是木星和太阳之间的平均距离却大约是地球和太阳之间平均距离的 5 倍。越远离地球的地方，行星和行星之间的距离就会越大。木星和土星之间的距离是 6.5 亿千米；土星和天王星之间的距离以及天王星和海王星之间的距离，大约都是 15 亿千米；土星和海王星之间的距离则达到大约 30 亿千米。

火星之后的行星没有坚硬的土地，是由星云和气体构成的。所以宇宙飞船只能靠近这些行星，而无法在这些行星上着陆。其中，木星是由巨大的气体构成的行星，它的体积可以装下大约 1300 个地球。已经发现的木星的卫星有 16 颗，或许还有很多没有被发现的呢，现在正在看这本书的读者当中，或许就有在将来发现新的木星卫星的人哦。

科学家们认为，木星是一颗差点成为恒星的星球。如果木星真的成了恒星，那么，我们在地球上，就可以看到两个太阳了。因为在银河系中其他类似于太阳系的星系，一般都是两个恒星组成一对进行运动的。像太阳系这样，只存在太阳这么一颗恒星的情况非常罕见。所以科学家们做出了这样的推断。

越过木星就是土星和天王星了，土星和天王星都有冰块和碎石构成的光环。1986 年，旅行者 2 号在经过天王星附近的时候，直接看到了这些光环。这些由冰块和碎石构成的光环，是由一些没能成为卫星的物质组成的。体积小的犹如细小的颗粒，体积大的有石头大小，各种各样形态的冰的碎片，共同组成了天王星的光环。

海王星和天王星在太阳系中，可以算是非常相似的双胞胎兄弟。海王星和太阳之间的距离，要远远超过天王星和太阳之间的距离。因此，它的公转周期要更长一些，相当于地球公转周期的 165 倍。除此之外，海王星的体积、自转周期、自身特征等，和天王星的差别都不是很大。

1977 年，旅行者 2 号离开地球，经过了 12 年的探索行星的漫长旅途，于 1989 年接近了海王星。旅行者 2 号的这次航行，帮助人们发现了在地球上未曾发现的天王星和海王星的卫星。

科学家们发现，在冥王星所处的位置，有很多由微小冰封物体构成的小天体，它们被称为柯伊伯带天体，科学家们将这个地带称为柯伊伯带。2003 年底，科学家在越过柯伊伯带的更远的地方，发现

了小行星塞德娜。塞德娜是迄今为止在太阳系发现的距离太阳最远的一个天体。这颗小行星绕太阳运转一周，需要将近 1.3 万年的时间。

那么，比塞德娜更远的地方，又存在什么样的天体呢？太阳系的尽头，又在什么地方呢？在太阳系的尽头，那些历史久远的残渣和颗粒，同样围绕着太阳进行运动。如果继续向外，宇宙就会再次陷入无尽的黑暗。除太阳外，在宇宙中距离我们最近的一颗恒星，和我们距离大约有 4.22 光年（光年是长度单位，一般用于计算星体间的距离。光年指光在真空中行走一年的距离，1 光年约为 9.46 万亿千米）。如果旅行者 2 号想要达到这颗恒星的话，需要经过差不多 12 万年的漫长岁月。

乘坐宇宙飞船，飞上 12 万年才能到达的距离，想象起来确实有一些难度。

可是，在广阔的宇宙之中，除了这颗恒星以外，还有更多的天体，天体之外还有天体……这无数的天体，共同构成了无边无际的宇宙。

科学家们认为，宇宙大约是在 150 亿年前，由于大爆炸而产生的。而且，宇宙现在还在不断地变大，星球之间的距离隔得越来越远。科学家们非常担心，在星球距离变得更远之前，我们会不会找到外星生物，发现外星文明呢？真的会有那么一天，外星人会来地球上做客吗？

　　浩瀚的宇宙总是能深深地吸引我。在距离我们 120 亿光年的宇宙中，存在拥有巨大重力，能够将一切吸入其中的天体——黑洞。每当想到这些的时候，我都会觉得有些不可思议。不过，科学家们会继续给我们讲述更多关于宇宙的奇异故事。现在，科学家们提出了全新的主张，认为在我们生活的宇宙中，有无数和宇宙平行的存在。

他们认为，宇宙不仅是四次元空间，而是五次元、六次元……十一次元空间！其中的一些空间，和我们生活的空间相互重叠。只是我们看不见摸不着而已。对于这个理论，我个人十分感兴趣。我相信我们眼睛能够看见的，并不是世界的全部。而物理学家们正在努力用数学的方法，来证明这个理论的真实性。

　　究竟五次元、六次元、七次元的世界会是什么样子呢？而十一次元的空间，又代表着什么呢？难道在不同的空间、不同的宇宙中，真的有其他的大人和孩子生活在哪里吗？我们所生活的世界，充满了靠知识和感觉所不能解释的未知数，也许这一切，都是由于在我们的周围还存在着另一个次元的空间。一想到这里，我不禁陷入了莫名的兴奋之中！

著作权合同登记号：图字01-2010-0993号

本书由韩国 HumanKids Publishing Company 授权，独家出版中文简体字版

图书在版编目(CIP)数据

向地球提出问题 /（韩）权秀珍 （韩）金成花著；（韩）林善英绘；

孙羽译. – 北京：九州出版社，2010.3（2021.11 重印）

（像童话一样有趣的科学书）

ISBN 978-7-5108-0361-1

Ⅰ.①向… Ⅱ.①权…②金…③林…④孙… Ⅲ.①地球

– 儿童读物 Ⅳ.①P183-49

中国版本图书馆CIP数据核字（2010）第034157号

向地球提出问题

作　　者　（韩）权秀珍 （韩）金成花 著 （韩）林善英 绘 孙　羽 译
出版发行　九州出版社
地　　址　北京市西城区阜外大街甲35号（100037）
发行电话　（010）68992190/2/3/5/6
网　　址　www.jiuzhoupress.com
电子信箱　jiuzhou@jiuzhoupress.com
印　　刷　唐山楠萍印务有限公司
开　　本　720毫米×1000毫米　16开
印　　张　11.5
字　　数　148千字
版　　次　2010年4月第1版
印　　次　2021年11月第3次印刷
书　　号　ISBN 978-7-5108-0361-1
定　　价　39.90元